Bibliothek des Radio-Amateurs 12. Band
Herausgegeben von Dr. Eugen Nesper

Formeln und Tabellen

aus dem Gebiete der Funktechnik

Von

Dr. Wilhelm Spreen

Mit 34 Textabbildungen

Berlin
Verlag von Julius Springer
1925

ISBN-13: 978-3-642-88911-0 e-ISBN-13: 978-3-642-90766-1
DOI: 10.1007/978-3-642-90766-1

Zur Einführung der Bibliothek des Radioamateurs.

Schon vor der Radioamateurbewegung hat es technische und sportliche Bestrebungen gegeben, die schnell in breite Volksschichten eindrangen; sie alle übertrifft heute bereits an Umfang und an Intensität die Beschäftigung mit der Radiotelephonie.

Die Gründe hierfür sind mannigfaltig. Andere technische Betätigungen erfordern nicht unerhebliche Voraussetzungen. Wer z. B. eine kleine Dampfmaschine selbst bauen will — was vor zwanzig Jahren eine Lieblingsbeschäftigung technisch begabter Schüler war — benötigt einerseits viele Werkzeuge und Einrichtungen, muß andererseits aber auch ein guter Mechaniker sein, um eine brauchbare Maschine zu erhalten. Auch der Bau von Funkeninduktoren oder Elektrisiermaschinen, gleichfalls eine Lieblingsbetätigung in früheren Jahrzehnten, erfordert manche Fabrikationseinrichtung und entsprechende Geschicklichkeit.

Die meisten dieser Schwierigkeiten entfallen bei der Beschäftigung mit einfachen Versuchen der Radiotelephonie. Schon mit manchem in jedem Haushalt vorhandenen Altgegenstand lassen sich ohne besondere Geschicklichkeit Empfangsresultate erzielen. Der Bau eines Kristalldetektorempfängers ist weder schwierig noch teuer, und bereits mit ihm erreicht man ein Ergebnis, das auf jeden Laien, der seine ersten radiotelephonischen Versuche unternimmt, gleichmäßig überwältigend wirkt: Fast frei von irdischen Entfernungen, ist er in der Lage, aus dem Raum heraus Energie in Form von Signalen, von Musik, Gesang usw. aufzunehmen.

Kaum einer, der so mit einfachen Hilfsmitteln angefangen hat, wird von der Beschäftigung mit der Radiotelephonie loskommen. Er wird versuchen, seine Kenntnisse und seine Apparatur zu verbessern, er wird immer bessere und hochwertigere Schaltungen ausprobieren, um immer vollkommener die aus dem Raum kommenden Wellen aufzunehmen und damit den Raum zu beherrschen.

Diese neuen Freunde der Technik, die „Radioamateure", haben in den meisten großzügig organisierten Ländern die Unterstützung weitvorausschauender Politiker und Staatsmänner gefunden unter dem Eindruck des universellen Gedankens, den das Wort „Radio" in allen Ländern auslöst. In anderen Ländern hat man den Radioamateur geduldet, in ganz wenigen ist er zunächst als staatsgefährlich bekämpft worden. Aber auch in diesen Ländern ist bereits abzusehen, daß er in seinen Arbeiten künftighin nicht beschränkt werden darf.

Wenn man auf der einen Seite dem Radioamateur das Recht seiner Existenz erteilt, so muß naturgemäß andererseits von ihm verlangt werden, daß er die staatliche Ordnung nicht gefährdet.

Der Radio-Amateur muß technisch und physikalisch die Materie beherrschen, muß also weitgehendst in das Verständnis von Theorie und Praxis eindringen.

Hier setzt nun neben der schon bestehenden und täglich neu aufschießenden, in ihrem Wert recht verschiedenen Buch- und Broschürenliteratur die „Bibliothek des Radioamateurs" ein. In knappen, zwanglosen und billigen Bändchen wird sie allmählich alle Spezialgebiete, die den Radioamateur angehen, von hervorragenden Fachleuten behandeln lassen. Die Koppelung der Bändchen untereinander ist extrem lose: jedes kann ohne die anderen bezogen werden, und jedes ist ohne die anderen verständlich.

Die Vorteile dieses Verfahrens liegen nach diesen Ausführungen klar zutage: Billigkeit und die Möglichkeit, die Bibliothek jederzeit auf dem Stande der Erkenntnis und Technik zu erhalten. In universeller gehaltenen Bändchen werden eingehend die theoretischen Fragen geklärt.

Kaum je zuvor haben Interessenten einen solchen Anteil an literarischen Dingen genommen, wie bei der Radioamateurbewegung. Alles, was über das Radioamateurwesen veröffentlicht wird, erfährt eine scharfe Kritik. Diese kann uns nur erwünscht sein, da wir lediglich das Bestreben haben, die Kenntnis der Radiodinge breiten Volksschichten zu vermitteln. Wir bitten daher um strenge Durchsicht und Mitteilung aller Fehler und Wünsche.

Dr. Eugen Nesper.

Vorwort.

Das vorliegende Büchlein bietet eine Zusammenstellung der wichtigsten Formeln und Konstanten aus der Radiotechnik Für die Auswahl waren vor allen Dingen praktische Gesichtspunkte maßgebend. Formeln von rein theoretischer Bedeutung wurden nicht aufgenommen. Um aber dem Büchlein eine möglichst weitgehende Verwendbarkeit zu geben, fanden aus der allgemeinen Elektrizitätslehre alle die Formeln Aufnahme, die zum Verständnis der elektrischen Schwingungsvorgänge, der wichtigsten Maßeinheiten, der Wirkungsweise der wichtigsten Hilfsgeräte erforderlich sind.

Damit auch der weniger Geübte in der Lage ist, sich der Formelsammlung mit Erfolg zu bedienen, habe ich eine große Menge von Zahlenbeispielen aus der Praxis eingestreut, die den Gebrauch und den Sinn der Formeln zeigen sollen. Daneben werden zahlreiche graphische Darstellungen, nomographische Tafeln und Tabellen die Auswertung der Formeln erleichtern. Der Anhang enthält als Hilfsmittel für die Berechnung einige mathematische Tabellen, so die Logarithmen der Zahlen von 1 bis 1000, die trigonometrischen Funktionen und eine Tafel zur Berechnung von Wurzeln, Bogenstücken usw.

Oldenburg i. O., den 9. Dezember 1924.

Dr. W. Spreen.

Inhaltsverzeichnis.

Bezeichnungen der Radiotelegraphie und Radiotelephonie.

 Galvanisches Element, Akkumulator, Batterie.

 Gleichstrommaschine.

 Wechselstrommaschine.

 Regulierbarer Schiebekontakt

 Klemmenanschluß.

 Ohmscher Widerstand.

 Luftdrossel.

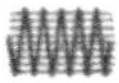 Eisendrossel.

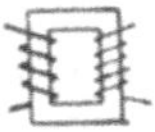 Transformator.

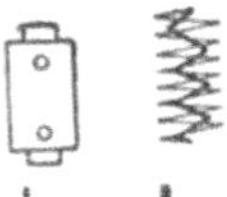 Induktor, Transformator, Hochfrequenztransformator.

 Funkenstrecke.

 Vakuumröhre.

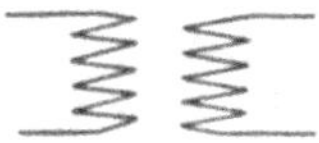 Koppelung.

 Unveränderlicher Kondensator.

 Veränderlicher Kondensator, Drehplattenkondensator.

 Indikationsinstrument, Galvanometer, Voltmeter, Amperemeter.

 Schwach strahlende Antenne (Schirmantenne).

 Rahmenantenne.

Zeichenerklärung.

In dem vorliegenden Buche bedeutet:

E_t Momentanwert der Spannung.
E_0 Scheitelwert der Spannung.
E_{eff} Effektivwert der Spannung.
$\overline{E}_t$ Überlagerte Wechsel-Spannung (z. B. im Anodenstromkreis).
F Elektrische Feldstärke.
J_t Momentanwert der Stromstärke.
J_0 Scheitelwert der Stromstärke.
J_{eff} Effektivwert der Stromstärke.
$\overline{J}_t$ Überlagerter Wechselstrom.
Q Elektrizitätsmenge.
A Arbeit.
N Leistung.
$\mathfrak{m}$ Polstärke.
$\mathfrak{H}$ Magnetische Feldstärke.
$\mathfrak{B}$ Magnetische Induktion.
μ Permeabilität.
φ Phasenwinkel.
$\cos \varphi$ Leistungsfaktor.
ϱ Spezifischer Widerstand.
W, R Widerstand.
L Selbstinduktionskoeffizient.
M Koeffizient der gegenseitigen Induktion.
k Koppelungskoeffizient.
W_L Induktiver Widerstand.
$\varkappa$ Dielektrizitätskonstante.
C Kapazität.
W_C Kapazitiver Widerstand.
q Dämpfungsverhältnis.
$\mathfrak{b}$ Dämpfungsfaktor.
ϑ Dämpfungsdekrement.
ν Periodenzahl bei Hochfrequenz.
$\omega = 2 \pi \nu$ Kreisfrequenz.
λ Wellenlänge.
T Periodendauer.
t Zeit in Sekunden.
c Fortpflanzungsgeschwindigkeit.
D Durchgriff.
S Steilheit.

A. Elektrostatik.

Die elektrostatische Einheit der Elektrizitätsmenge (Ladungseinheit) wirkt auf eine gleich große in der Entfernung 1 cm mit der Kraft 1 Dyne[1]) ein.

Die Elektrizitätsmenge q wirkt auf die Einheit der Elektrizitätsmenge (elektrostatisch gemessen) in 1 cm Entfernung mit der Kraft q Dynen ein.

Die abstoßende, bzw. anziehende Kraft, die zwei Elektrizitätsmengen q_1 und q_2 in r cm Entfernung aufeinander ausüben, beträgt im Vakuum

$$K = \frac{q_1 \cdot q_2}{r^2} \text{ Dynen.} \tag{1}$$

Sind die Elektrizitätsmengen q_1 und q_2 durch ein nicht leitendes Zwischenmittel (Dielektrikum) getrennt, so beträgt die Kraftwirkung in r cm Entfernung

$$K = \frac{1}{\varkappa} \cdot \frac{q_1 \cdot q_2}{r^2} \text{ Dynen} \tag{1a}$$

(Gesetz von Coulomb).

$\varkappa$ heißt die Dielektrizitätskonstante des Zwischenmittels; sie ist immer größer als 1 (vgl. Tabelle auf S. 5).

Die Kraft, mit der die Elektrizitätsmenge q die Elektrizitätsmenge 1 in r cm Entfernung abstößt, heißt die Feldstärke. Sie ist

$$F = \frac{q}{r^2} \text{ Dynen} \tag{2}$$

für das Vakuum; für ein Mittel mit der Dielektrizitätskonstante $\varkappa$ gilt dafür die Formel

$$F = \frac{1}{\varkappa} \cdot \frac{q}{r^2} \text{ Dynen.} \tag{2a}$$

---

[1]) 1 Dyne $= {}^1/_{981}$ Gramm $\sim$ 1 Milligramm.

Die Richtung der Feldstärke gibt man durch die Kraftlinien an. Ihre Anzahl wird so bemessen, daß bei gleichmäßiger Verteilung durch die Flächeneinheit an jeder Stelle des Raumes gerade so viele Kraftlinien senkrecht hindurchgehen, als die Feldstärke hier beträgt. Von der Ladung q (elektrostatisch gemessen) gehen $4\pi q$ Kraftlinien aus.

Eine Fläche, die so beschaffen ist, daß sie überall senkrecht zu den Kraftlinien steht, heißt Niveaufläche.

Die Arbeit, die erhalten, bzw. geleistet wird, wenn man die Elektrizitätsmenge $+1$ von einem Punkte P_1 des Feldes nach einem anderen P_2, der in einer anderen Niveaufläche liegt, bewegt, heißt Spannungs- oder Potentialdifferenz dieser beiden Punkte des elektrischen Feldes (elektromotorische Kraft).

Die elektrostatische Einheit der Potentialdifferenz besteht zwischen zwei Punkten des Feldes, wenn die Arbeit von 1 Erg[1]) erforderlich ist, bzw. erhalten wird, wenn man die Elektrizitätsmenge $+$ 1 von dem einen zum anderen Punkte (Pol) bringt.

Beträgt die Spannung zwischen zwei Punkten des Feldes e elektrostatische Einheiten, so leisten die elektrischen Kräfte bei der Bewegung der Elektrizitätsmenge q (elektrostatisch) von dem einen Punkt zum anderen die Arbeit

$$a = q \cdot e \text{ Erg}. \tag{3}$$

Die technische Einheit der Elektrizitätsmenge ist das Coulomb.

1 Coulomb $= 3 \cdot 10^9$ elektrostatische Einheiten der Elektrizitätsmenge.

Die technische Einheit der Spannungsdifferenz ist das Volt.

1 Volt $= {}^1/_{300}$ elektrostatische Einheit der Spannung.

Bei der Bewegung der Elektrizitätsmenge Q Coulomb von einem Punkte des elektrischen Feldes nach einem anderen, der gegen ihn eine Spannungsdifferenz von E Volt hat, leisten die elektrischen Kräfte die Arbeit

$$A = Q \cdot E \text{ Joule}^2). \tag{3a}$$

---

[1]) 1 Erg = Überwindung des Widerstandes von einer Dyne längs eines Weges von einem Zentimeter.
= 1 cm · Dyne.

[2]) 1 Joule $= 10^7$ Erg.

Lädt man einem Leiter eine bestimmte Elektrizitätsmenge auf, so erhält er eine gewisse Spannung gegen Erde. Beträgt die aufgeladene Elektrizitätsmenge Q, die erzeugte Spannung E elektrostatische Einheiten, so ist der Bruch Q/E eine durch den Leiter bestimmte Konstante, die man die Kapazität des Leiters nennt.

Ein Leiter hat die elektrostatische Einheit der Kapazität 1 cm, wenn auf ihm die elektrostatische Einheit der Elektrizitätsmenge die elektrostatische Einheit der Spannung erzeugt, es ist also

$$1\ \text{cm} = \frac{1\ \text{elektrostatische Einheit der Elektrizitätsmenge}}{1\ \text{elektrostatische Einheit der Spannung}}.$$

$$= \text{Kapazität einer Kugel vom Radius 1 cm.}$$

Die technische Einheit der Kapazität ist das Farad; ein Leiter hat diese Kapazität, wenn die Elektrizitätsmenge 1 Coulomb auf ihm die Spannung 1 Volt erzeugt, also

$$1\ \text{Farad} = \frac{1\ \text{Coulomb}}{1\ \text{Volt}}$$

$$= \frac{3 \cdot 10^9}{{}^1/_{300}}\ \text{cm} = 9 \cdot 10^{11}\ \text{cm}.$$

Der millionste Teil des Farad heißt Mikrofarad (MF)

$$10^6\ \text{MF} = 1\ \text{Farad} = 9 \cdot 10^{11}\ \text{cm}$$

$$1\ \text{MF} = 9 \cdot 10^5\ \text{cm}$$

$$1\ \text{cm} = \frac{1}{9 \cdot 10^{11}}\ \text{Farad} = \frac{1}{9 \cdot 10^5}\ \text{MF}.$$

Tabelle 1. Umrechnung von MF in cm.

1	MF	=	900000	cm
0,9	„	=	810000	„
0,8	„	=	720000	„
0,7	„	=	630000	„
0,6	„	=	540000	„
0,5	„	=	450000	„
0,4	„	=	360000	„
0,3	„	=	270000	„
0,2	„	=	180000	„
0,1	„	=	90000	„
0,01	„	=	9000	„
0,001	„	=	900	„
0,0001	„	=	90	„

Beispiel: Es sind also 2 MF $= 1{,}8 \cdot 10^6$ cm; 2000 cm $= \frac{2000}{9 \cdot 10^{11}}$ Farad, $= \frac{2}{9 \cdot 10^8}$ Farad.

Hiernach berechnet man die Kapazität nach der Formel

$$C = \frac{Q}{E}, \tag{4}$$

in der C in cm anzunehmen ist, wenn Elektrizitätsmenge und Spannung elektrostatisch gemessen werden. Bedeutet aber Q die Anzahl der Coulomb, E die der Volt, so ist C in Farad angegeben.

Die Kapazität einer Kugel vom Radius R (in cm) ist gleich R cm.

Für einen geraden Draht von der Länge l und vom Durchmesser $2\,r$ (alles in cm) erhält man die Kapazität

$$C = \frac{l}{2 \log \operatorname{nat} \frac{2\,l}{r}} \text{ cm}^{1)}. \tag{5}$$

Besonders große Kapazität haben die **Kondensatoren**, die gewöhnlich aus zwei durch ein isolierendes Zwischenmittel (Dielektrikum) getrennten dünnen Platten bestehen.

Die Kapazität eines solchen Kondensators ist

$$C = \frac{F}{4\pi d} \text{ cm}, \tag{6}$$

wo F die Plattengröße in cm², d den Abstand der Platten in cm und π die Zahl 3,1416 bedeutet, wenn man Luft (genauer das Vakuum) als Dielektrikum nimmt.

Wählt man ein anderes Zwischenmittel, so muß man den Wert in (6) noch mit der Dielektrizitätzkonstante $\varkappa$ des Zwischenmittels malnehmen. Es gilt also

$$C = \frac{\varkappa \cdot F}{4\pi d} \text{ cm}. \tag{6a}$$

---

[1]) Der log nat (natürl. Logarithmus) hat als Basis die Zahl $e = 2{,}7183$. Zwischen den in der Tabelle auf S. 62 angegebenen Logarithmen zur Basis 10 und den natürlichen Logarithmen besteht die Beziehung

$$\log \operatorname{nat} a = 2{,}3 \cdot \log a.$$

Der log nat 10 ist daher $2{,}3 \cdot \log 10 = 2{,}3$.

Tabelle 2. Dielektrizitätskonstanten.

Luft	1,0006	Siegellack	4,0
Wasser	81	Zelluloid	4,0
Petroleum	2,0	Paraffin	1,7 bis 2,3
Terpentin	2,3	Glas	5,0 bis 12
Ölpapier	2,0	Schottglas	etwa 8,5
Gummi (Natur)	2,5	Porzellan	5,0 bis 6,0
Hartgummi	2,0 bis 3,0	Glimmer	4,0 bis 8,0
Kautschuk	2,0 bis 3,5	Quarz	4,5
Bernstein	2,8	Marmor	8,5
Kolophonium	2,6	Schwefel	4,0
Schellack	3,0 bis 3,8	Schwefelkohlenstoff	2,5

Beispiele: Sind die Platten eines Plattenkondensators 100 cm² groß und beträgt ihr Abstand 2,5 mm, so ist die Kapazität

$$C = \frac{100}{\pi}\,\text{cm} = 31{,}6\,\text{cm}.$$

Bettet man diesen Kondensator in Petroleum, dessen Dielektrizitätskonstante etwa 2 ist, so erhält man eine doppelt so große Kapazität.

Die Kapazität einer Leidener Flasche, deren mittlerer Radius r und deren beklebte Höhe h ist, beträgt

$$C = \frac{\varkappa\,(r^2 + 2\,r\,h)}{4\,d}\,\text{cm}. \tag{7}$$

($\varkappa$ Dielektrizitätskonstante des Glases, d Glasdicke in cm.)

Beispiel: Beträgt der Radius des inneren Begrenzungszylinders 5 cm, der des äußeren 5,1 cm und ist die Flasche bis zur Höhe $h = 25$ cm beklebt, so erhalten wir, wenn wir eine Glassorte wählen, deren Dielektrizitätskonstante $\varkappa = 7{,}5$ ist, die Kapazität

$$C = \frac{7{,}5\,(25 + 2\cdot 5\cdot 25)}{0{,}4}\,\text{cm} = 5156\,\text{cm} = \frac{5156}{9\cdot 10^{11}}\,\text{Farad}.$$

Ein Blockkondensator, der aus n Metallblättern besteht, die durch ein Dielektrikum der Dielektrizitätskonstante $\varkappa$ getrennt sind (Glimmer oder paraffiniertes Papier), hat bei einer wirksamen Plattengröße F (in cm²) und einem Plattenabstand d (in cm) die Kapazität

$$C = \frac{(n-1)\cdot\varkappa\cdot F}{4\,\pi\,d}\,\text{cm}. \tag{8}$$

Beispiel: Hat man also Kupferblätter der Größe 6 cm² und Glimmerblättchen ($\varkappa = 6$) von 0,1 mm Dicke zur Verfügung und will einen Blockkondensator der Kapazität 1000 cm herstellen, so hat man n Blättchen so zu wählen, daß $1000 = \frac{(n-1)\cdot 6\cdot 6}{4\cdot\pi\cdot 0{,}01}$ also $n = 5$ wird.

Auch die Kapazität eines Drehplattenkondensators kann nach (8) berechnet werden. Die maximale Kapazität C_{180}, die eintritt, wenn die beweglichen Platten des Kondensators ganz in die Zwischenräume zwischen den festen Platten hineingedreht sind, ist

$$C_{180} = \frac{(n-1)\cdot F}{4\pi\cdot d}\,\text{cm}\,.$$

Ist C_0 die Kapazität in der Nullstellung, dann ist die Kapazität bei einer Drehung um α^0

$$C_\alpha = \frac{C_{180} - C_0}{180}\cdot\alpha + C_0 \qquad (9)$$
$$= C_1\cdot\alpha + C_0\,.$$

(Wichtig für die Eichung eines Drehkondensators.)

Die Eichkurve ist daher ziemlich genau eine Gerade.

Beispiel: Ein Drehkondensator bestehe aus 20 festen und 19 beweglichen Platten, deren wirksame Flächengröße 62 cm² sei. Die Entfernung der Platten betrage 0,6 mm. Die maximale Kapazität ist dann $C_{180} = \frac{38\cdot 62}{4\cdot\pi\cdot 0{,}06}$ cm $= 3141$ cm. Ist die Kapazität in der Nullstellung (C_0) 83 cm, so ist die Kapazität in der Stellung $\alpha = 36^0$

$$C_{36} = \frac{3141 - 83}{5} + 83 = 695\,\text{cm}\,.$$

Hier haben wir Luft als Dielektrikum genommen; wählt man etwa Paraffinöl, so müssen die erhaltenen Resultate noch mit der Dielektrizitätskonstante multipliziert werden.

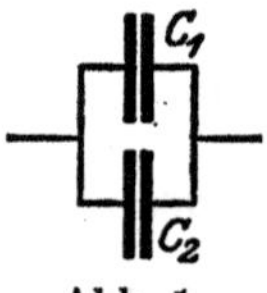

Abb. 1. Kondensatoren in Parallelschaltung.

Setzt sich das Dielektrikum aus mehreren Schichten von den Dicken $d_1, d_2, \cdots, d_n$ und den Dielektrizitätskonstanten $\varkappa_1, \varkappa_2, \cdots, \varkappa_n$ zusammen, so ist näherungsweise

$$C = \frac{F}{4\pi\left(\frac{d_1}{\varkappa_1} + \frac{d_2}{\varkappa_2} + \cdots + \frac{d_n}{\varkappa_n}\right)}\,\text{cm}\,. \qquad (10)$$

Mehrere Kondensatoren lassen sich zu einer Batterie zusammenschalten. Abb. 1 zeigt die Parallelschaltung. Haben die einzelnen Kondensatoren die Kapazitäten $C_1, C_2, \cdots, C_n$ so hat die Batterie bei Parallelschaltung die Kapazität

$$C = C_1 + C_2 + \cdots + C_n\,. \qquad (11)$$

Bei Hintereinanderschaltung (Reihenschaltung, Serienschaltung), die in Abb. 2 wiedergegeben ist, berechnet man die Gesamtkapazität nach der Formel

$$C = \frac{1}{\frac{1}{C_1} + \frac{1}{C_2} + \cdots + \frac{1}{C_n}}. \qquad (12)$$

Abb. 2. Kondensatoren in Reihenschaltung.

Beispiel: Stehen Kondensatoren der Kapazitäten 500 cm, 1000 cm und 2000 cm zur Verfügung, so lassen sich durch Parallelschaltung je zweier die Kapazitäten 500 cm + 1000 cm = 1500 cm, 500 cm + 2000 cm = 2500 cm, 1000 cm + 2000 cm = 3000 cm, durch Parallelschalten aller die Kapazität 500 cm + 1000 cm + 2000 cm = 3500 cm, durch Hintereinanderschalten je zweier die Kapazitäten $\frac{1}{\frac{1}{500}+\frac{1}{1000}}$ cm = $333^1/_3$ cm, $\frac{1}{\frac{1}{500}+\frac{1}{2000}}$ cm = 400 cm, $\frac{1}{\frac{1}{1000}+\frac{1}{2000}}$ cm = $666^2/_3$ cm und durch Hintereinanderschalten aller die Kapazität $\frac{1}{\frac{1}{500}+\frac{1}{1000}+\frac{1}{2000}}$ cm = $285^5/_7$ cm erzeugen. Außerdem sind noch gemischte Schaltungen möglich.

B. Der elektrische Strom.

Werden zwei Leiter, die einen Spannungsunterschied haben leitend verbunden, so gleichen sich die Elektrizitäten aus; man sagt in diesem Falle, es fließt Elektrizität vom positiven Leiter zum negativen. Wird dabei der Spannungsunterschied, etwa durch Verbindung des einen Leiters mit einer Elektrizitätsquelle, des anderen mit der Erde, dauernd auf derselben Höhe gehalten, so fließt ein dauernder elektrischer Strom, dessen Richtung gewöhnlich als vom positiven zum negativen Leiter angenommen wird (+-Pol und —-Pol).

Geht in der unendlich kleinen Zeit dt die unendlich kleine Elektrizitätsmenge dQ durch den Querschnitt der leitenden Verbindung, so bezeichnet man den Quotienten $\frac{dQ}{dt}$ als Stromstärke I und mißt diese in Ampere, wenn dQ in Coulomb angegeben ist. Es ist also

$$I = \frac{dQ}{dt} \text{ Ampere}. \tag{13}$$

Ist der Spannungsunterschied der beiden Pole konstant und gleich E (in Volt), so fließt, solange die leitende Verbindung keine Veränderung erfährt, in der Zeiteinheit immer die gleiche Elektrizitätsmenge I durch den Leiterquerschnitt (Gleichstrom). In diesem Falle ist die in t Sek. durch den Leiterquerschnitt fließende Elektrizitätsmenge

$$Q = I \cdot t \text{ Coulomb}$$

und daher die Arbeit der elektrischen Kräfte bei der Beförderung der Elektrizitätsmenge Q

$$A = E \cdot I \cdot t \text{ Joule} \tag{14}$$

und die Leistung $N = E \cdot I$ Watt[1]) (15)

(stationärer Strom).

Sind E und I nicht konstant, d. h. ändern sich Spannung und Stromstärke mit der Zeit, so erscheinen (14) und (15) in Integralform. Es ist dann

$$A = \int_0^t E \cdot I \, dt \text{ Joule} \tag{14a}$$

und

$$N = \frac{1}{t} \int_0^t E \cdot I \cdot dt \text{ Watt} \tag{15a}$$

Beispiel: Liefert also eine Akkumulatorenbatterie von 6 Volt Spannung einen Strom von 0,56 Ampere, so beträgt die Leistung 6·0,56 Watt = 3,36 Watt. Besteht dieser Strom eine Minute lang, so beträgt die geleistete Arbeit 6·0,56·60 Joule = 201,60 Joule.

Die von dem Strom der Stärke I Amp. und der Spannung E Volt in t Sekunden erzeugte Wärmemenge beträgt

$$U = 0{,}24 \cdot E \cdot I \cdot t \text{ cal.}^{2)} \tag{16}$$

[1]) Die Einheit der Leistung ist das Watt. Es ist 1 Watt = 1 Joule/1 Sek. = 1 Volt·1 Ampere. Daher ist 1 Joule = 1 Watt·1 Sek. = 1 Wattsekunde. Es ist ferner 1 Kilowattstunde (1 Kwh) = 3600000 Wattsek. = 3600000 Joule, 1 Wattstunde = 3600 Joule.

[2]) Unter einer cal (Kalorie) versteht man die Wärmemenge, durch die ein Gramm Wasser um 1° C erwärmt wird, genauer von 15° auf 16°. Diese Wärmemenge entspricht der Arbeit von 4,18 Joule. Es ist also 1 Joule ∼ 0,24 cal.

Beispiel: Eine 32kerzige Metallfadenlampe verbraucht etwa 40 Watt. Beträgt die Netzspannung 220 Volt, so läßt die Birne etwa $^2/_{11}$ Amp. durch. Die erzeugte Wärmemenge beträgt in 1 Stunde $40 \cdot 3600 \cdot 0{,}24$ cal $= 34560$ cal.

Tabelle 3. Wattverbrauch der einzelnen Gühlampentypen für die Normalkerze.

Kohlefadenlampe, alte Edison	4,5	Halbwattlampe	0,5
Kohlefaden-Sparlampe	2,5	Bogenlampe	0,5
Tantallampe	1,6	Quecksilberdampflampe	0,6
Osramlampe	1,0	Glimmlampe (Neonfüllg.)	5,0

Die Stromstärke ist der Spannung direkt und dem Leitungswiderstande umgekehrt proportional. Bezeichnet E die Spannung in Volt, I die Stromstärke in Amp., W den Widerstand in Ohm, so ist

$$E = I \cdot W \text{ Volt}, \quad I = E/W \text{ Amp.}, \quad W = E/I \text{ Ohm} \qquad (17)$$

(Ohmsches Gesetz).

Beispiel: Der Widerstand der Glühbirne im vorigen Beispiel beträgt danach $\frac{220}{\frac{2}{11}} = 1210$ Ohm.

Tabelle 4. Lampenwiderstände.

Ohmscher Widerstand einer 3 Watt-Kohlefadenlampe[1]).

	a) für 110 Volt	b) für 220 Volt
10 kerzig	400 Ohm	1600 Ohm
16 „	245 „	980 „
25 „	170 „	680 „
32 „	130 „	520 „
50 „	80 „	320 „

Ohmscher Widerstand einer Osramlampe.

	a) für 110 Volt	b) für 220 Volt
16 kerzig	600 Ohm	2400 Ohm
32 „	300 „	1200 „
50 „	200 „	800 „

[1]) Diese Werte sind nur annähernd richtig und verstehen sich bei voller Leuchtstärke.

Unter Benutzung des Ohmschen Gesetzes nehmen die Formeln über die Stromarbeit die Form an

$$A = I^2 \cdot W \cdot t \text{ Joule} = \frac{E^2}{W} \cdot t \text{ Joule}, \tag{14b}$$

bzw.

$$A = \int_0^t I^2 \cdot W \cdot dt \text{ Joule}, \tag{14c}$$

für die Stromwärme erhält man

$$U = 0{,}24 \cdot I^2 \cdot W \cdot t \text{ cal} = 0{,}24 \cdot \frac{E^2}{W} t \text{ cal} \tag{16a}$$

und für die Leistung

$$N = I^2 \cdot W \text{ Watt} = \frac{E^2}{W} \text{ Watt}. \tag{15b}$$

Der Widerstand eines linearen Leiters ist direkt proportional seiner Länge l und umgekehrt proportional seinem Querschnitt q. Bezeichnet man den Widerstand eines Drahtes der Länge 1 m und des Querschnittes 1 mm² mit ϱ (ϱ ist der spezifische Widerstand), so ist

$$W = \varrho \frac{l}{q} \text{ Ohm}. \tag{18}$$

(Hier ist l in m und q in mm² zu messen.)

Beispiel: Der Widerstand eines 500 m langen Kupferdrahtes (spezif. Widerstand = 0,017) ist demnach bei einem Querschnitt von 0,5 mm²

$$W = \frac{0{,}017 \cdot 500}{0{,}5} \text{ Ohm} = 17 \text{ Ohm}.$$

Die spezifischen Widerstände der wichtigsten Materialien sind in Tabelle 5 wiedergegeben. Gewöhnlich wird der Querschnitt nicht unmittelbar angegeben. Man mißt den Durchmesser des Drahtes mit einem Schraubenmikrometer und berechnet dann den Querschnitt nach der Formel

$$q = \frac{d^2}{4} \cdot \pi \text{ mm}^2,$$

oder man benützt Tabelle 5 im Anhang[1]).

Beispiel: Man hat gemessen $d = 0{,}7$ mm. Nach der Tabelle oder durch Rechnung findet man $q = \frac{0{,}49}{4} \cdot \pi \text{ mm}^2 = 0{,}385 \text{ mm}^2$.

---

[1]) Faßt man in der Tabelle 5 auf S. 67 im Anhang die erste Spalte als Maßzahl des Durchmessers auf, so gibt Spalte 7 den Querschnitt an.

Tabelle 5. Spezifische Widerstände.

a) Metalle.

Material	ϱ bei 15°	γ
Aluminum, gezogen	0,029	0,0039
Blei	0,21	0,0038
Bronzedraht	0,0185	—
Eisendraht	0,12—0,14	0,0047
Gaskohle	40—120	—
Gold	0,022	0,0035
Konstantan	0,49	0,0000
Kruppin	0,85	0,0007
Kupfer, rein	0,0172	0,0039
„ käuflich	0,0185	
Manganin	0,42	0,0000
Messingdraht	0,065—0,085	0,0015
Neusilber	0,37	0,0003
Nickel	0,11—0,13	0,0037
Nickelin	0,34—0,44	0,0002
Osmium	0,095	—
Phosphorbronze	0,1	—
Platin	0,1—0,12	0,0024
Quecksilber	0,95	0,0009
Rheotan	0,47	0,0002
Silber	0,016—0,018	0,0036
Silit	1000—∞	negativ
Stahldraht	0,183	0,005
Tantal	0,165	0,003
Wismut	1,1—1,4	0,0036
Wolfram	0,07	0,0051
Zink	0,06	0,0038
Zinn	0,11—0,14	0,0044

b) Flüssigkeiten.

Flüssigkeit	ϱ bei 18° m und mm²	γ
Wasser destilliert	$25 \cdot 10^8$—10^{10}	—
Leitungswasser	$\sim 4 \cdot 10^7$	—
Kupfersulfat, 5%	$5 \cdot 10^5$	—0,022
„ 10%	$3{,}1 \cdot 10^5$	
„ 25%	$2{,}4 \cdot 10^5$	
Schwefelsäure, 5%	$4{,}8 \cdot 10^4$	—0,02
„ 10%	$2{,}6 \cdot 10^4$	
„ 20%	$1{,}54 \cdot 10^4$	
„ 30%	$1{,}35 \cdot 10^4$	
Zinksulfat, 5%	$5{,}2 \cdot 10^5$	—0,024
„ 10%	$3{,}1 \cdot 10^5$	
„ 20%	$2{,}3 \cdot 10^5$	
„ 30%	$2{,}1 \cdot 10^5$	

Bezeichnet man die Widerstandserhöhung bei einer Temperaturerhöhung um 1^0 C mit γ, so ist der Widerstand bei einer Temperaturerhöhung um t Grad

$$W_t = W \cdot (1 + t \cdot \gamma). \qquad (19)$$

In der Tab. 5 ist γ für 15^0 zu nehmen; t bedeutet also in obiger Formel die Temperaturerhöhung gegenüber 15^0. γ heißt der Temperaturkoeffizient. Tabelle 5 gibt in der zweiten Spalte die Temperaturkoeffizienten für eine Reihe wichtiger Stoffe an.

Beispiel: Ein Widerstand aus Eisendraht von 1000 Ohm bei 15^0 erwärmt sich beim Stromdurchgang auf 90^0. Wie groß ist jetzt der Widerstand? Hier ist $\gamma = 0{,}0047$, also

$$W_t = W\,(1 + \gamma \cdot t) = 1000\,(1 + 0{,}0047 \cdot 75)\text{ Ohm} = 1000 \cdot 1{,}3525\text{ Ohm} = 1352{,}5\text{ Ohm}.$$

Abb. 3. Zwei Widerstände in Reihenschaltung.

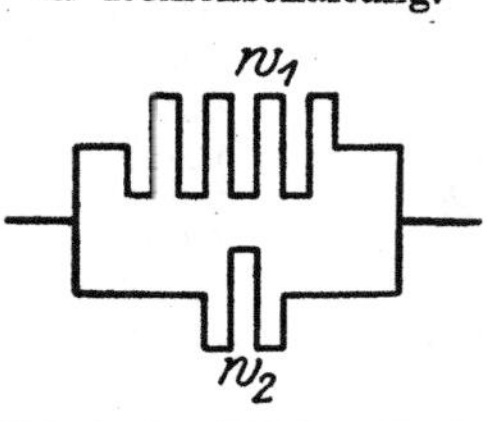

Abb. 4. Zwei Widerstände in Parallelschaltung.

Sind die Einzelwiderstände $W_1, W_2, \cdots, W_n$ gegeben, so erhält man durch Hintereinanderschaltung (Abb. 3) aller den Widerstand

$$W = W_1 + W_2 + \cdots + W_n, \qquad (20)$$

während sich durch Parallelschaltung (Abb. 4) der Widerstand

$$W = \frac{1}{\frac{1}{W_1} + \frac{1}{W_2} + \cdots + \frac{1}{W_n}} \qquad (21)$$

ergibt.

Beispiel: Gegeben sind die Widerstände $W_1 = 10$ Ohm, $W_2 = 15$ Ohm. Durch Hintereinanderschaltung gewinnt man den Widerstand $W = 10 + 15$ Ohm $= 25$ Ohm, während bei Parallelschaltung der Widerstand $W = 6$ Ohm erhalten wird, da $\frac{1}{W} = \frac{1}{10} + \frac{1}{15} = \frac{5}{30} = \frac{1}{6}$.

Beispiel: Sind drei Widerstände $W_1 = 500$ Ohm, $W_2 = 1000$ Ohm, $W_3 = 2000$ Ohm gegeben, so lassen sich durch Reihenschaltung die Widerstände 1500 Ω, 2500 Ω, 3000 Ω, 3500 Ω, durch Parallelschaltung die Widerstände $333^1/_3$ Ω, 400 Ω, $666^2/_3$ Ω, $285^5/_7$ Ω herstellen. Ferner sind noch kombinierte Schaltungen (zwei parallel, dazu der 3. in Reihe oder 2 in Reihe, dazu der 3. parallel) möglich.

Der Ausdruck $\frac{1}{\varrho}$ heißt Leitfähigkeit.

An einem Verzweigungspunkte ist die algebraische Summe der Stromstärken Null, mit anderen Worten die Summe der zum Verzweigungspunkte hinfließenden Ströme ist gleich der Summe der abfließenden. (1. Satz von Kirchhoff.)

$$\Sigma I = 0. \tag{22}$$

(Hier sind die Stärken der hinfließenden Ströme mit dem +-Zeichen, die der abfließenden mit dem —-Zeichen zu versehen.)

In jedem geschlossenen Kreise ist die Summe der elektromotorischen Kräfte gleich der Summe der Produkte aus Stromstärke und zugehörigem Widerstand, dabei sind die elektromotorischen Kräfte und Ströme der einen Richtung mit dem +-Zeichen, die der anderen Richtung mit dem —-Zeichen zu versehen. (2. Satz von Kirchhoff).

$$\Sigma E = \Sigma I \cdot W \text{ (allgemeines Ohmsches Gesetz)} \tag{23}$$

Aus den beiden Sätzen von Kirchhoff ergeben sich genug Gleichungen, um aus den gegebenen elektromotorischen Kräften und Widerständen die Stromstärken aller Zweige zu berechnen.

Beispiel: In Abb. 5 ist Q die Elektrizitätsquelle von der Spannung $E = 220$ Volt; ferner sind die Widerstände W (Widerstand von A über Q nach B) $= 100$ Ohm, $W_1 = 120$ Ohm, $W_2 = 150$ Ohm, $W_3 = 200$ Ohm (W_1, W_2 und W_3 sind die drei Teilwiderstände zwischen A und B) gegeben. Die Stromstärken in den einzelnen Zweigen sind zu berechnen. (I Gesamtstromstärke im Zweige AB, I_1, I_2, I_2 Teilströme in den Zweigleitungen mit den Widerständen W_1, W_2, W_3.)

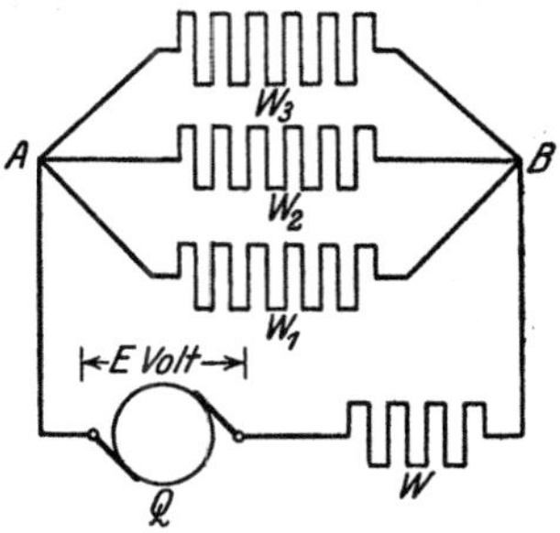

Abb. 5. Zu den Sätzen von Kirchhoff.

Es ist

$$I = I_1 + I_2 + I_3 \quad \text{(1. Satz)},$$

$$\left.\begin{aligned} E &= I \cdot W + I_1 \cdot W_1 \\ &= I \cdot W + I_2 \cdot W_2 \\ &= I \cdot W + I_3 \cdot W_3 \end{aligned}\right\} \text{(2. Satz)}.$$

Aus diesen 4 Gleichungen lassen sich die 4 Unbekannten I, I_1, I_2, I_3 berechnen. Aus den drei letzten Gleichungen folgt durch Subtraktion je zweier voneinander

$$I_1 \cdot W_1 = I_2 \cdot W_2 = I_3 \cdot W_3$$

oder

$$I_1 : I_2 : I_3 = \frac{1}{W_1} : \frac{1}{W_2} : \frac{1}{W_3} = \frac{1}{120} : \frac{1}{150} : \frac{1}{200} = 5 : 4 : 3,$$

also $I_1 = 5x$, $I_2 = 4x$, $I_3 = 3x$ und daher nach dem 1. Satz $I = 12x$.

x findet man nun aus einer der drei letzten Gleichungen. Danach ist z. B. $220 = 12x \cdot 100 + 5x \cdot 120 = 1800x$; $x = {}^{11}/_{90}$ Amp., woraus sich ergibt: $I = 1{}^{7}/_{15}$ Amp., $I_1 = {}^{11}/_{18}$ Amp., $I_2 = {}^{22}/_{45}$ Amp., $I_3 = {}^{11}/_{30}$ Amp. Der hier angegebene Weg führt in den meisten Fällen zum Ziele.

Ein spezieller Fall des zweiten Satzes von Kirchhoff liegt vor, wenn mehrere Stromquellen der elektromotorischen Kräfte $E_1, E_2, \ldots, E_n$ hintereinander geschaltet sind. Dann ist die Spannungsdifferenz, die an den beiden äußeren Enden abzunehmen ist,

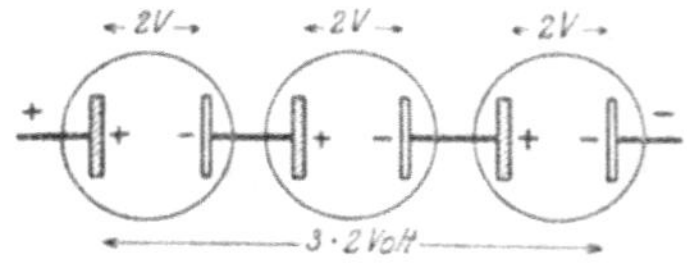

Abb. 6. Drei Elemente in Reihenschaltung.

$$E = E_1 + E_2 \ldots + E_n, \tag{24}$$

wo über das Vorzeichen dieser E das oben Gesagte gilt.

Sind im besonderen die Spannungen dieser n Stromquellen gleich und gleich gerichtet (Abb. 6), so wird

$$E = n \cdot E_1 . \tag{24a}$$

Die Spannung einer Batterie von Elementen in Reihenschaltung ist also der Anzahl der Elemente proportional.

Tabelle 6. Klemmenspannung der wichtigsten galvanischen Elemente in Volt.

Bunsen-Element	1,87	Leclanche-Element . . .	1,49
Chromsäure-Element . .	1,9	Blei-Akkumulator	2,0
Daniell-Element	1,085	Edison-Akkumulator . .	1,2
Grove-Element	1,93		

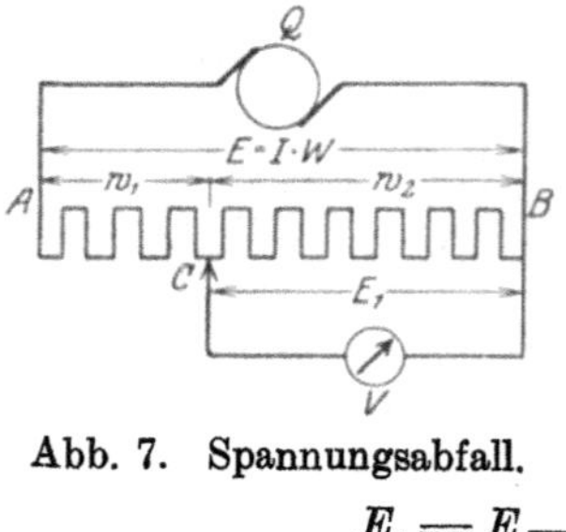

Abb. 7. Spannungsabfall.

Man unterscheidet bei einer Stromquelle äußeren und inneren Widerstand, letzterer ist der Ohmsche Widerstand zwischen den beiden Stromabnahmestellen im Inneren der Stromquelle. Ist W_a der äußere, W_i der innere Widerstand einer Stromquelle, so ist die Klemmenspannung

$$E_1 = E - I \cdot W_i = I \cdot W_a \text{ Volt}. \tag{25}$$

(I = Stromstärke in Amp., E = elektromotorische Kraft in Volt.) Das Produkt $I \cdot W_i$ heißt Spannungsabfall.

Abb. 7 zeigt das Schema der Potentiometerschaltung. Die Spannung E der Stromquelle Q liegt an den Enden A und B

eines Widerstandes $W_1 + W_2$. Die zwischen C und B abzunehmende Spannung E_1 ist dann nach (25)

$$E_1 = E - I \cdot W_1 .$$

Beispiel: Zum Betriebe einer Verstärkerröhre sind 2 Volt Heizspannung erforderlich. Es steht eine Heizbatterie von 4 Volt Spannung zur Verfügung. Wie groß ist der vorzuschaltende Widerstand, wenn die Stromstärke 0,2 Amp. beträgt? Es ist nach obigem $2 = 4 - 0{,}2 \cdot W$, also $W = \frac{2}{0{,}2}$ Ohm $= 10$ Ohm.

Das über den äußeren und inneren Widerstand Gesagte gilt auch für Elemente und Batterien. Die Klemmenspannung E_k ist auch hier, wenn wieder die Bezeichnungen unter (25) gelten,

$$E_k = E - I \cdot W_i \text{ Volt.} \tag{25a}$$

Ist W_i der innere Widerstand einer einzigen Zelle, so ist der Widerstand der Batterie bei Reihenschaltung $n \cdot W_i$, bei Parallelschaltung $\frac{W_i}{n}$.

Sind n gleiche Elemente mit der elektromotorischen Kraft E und dem inneren Widerstand W hintereinander geschaltet (Abb. 6), so ist die Stromstärke bei einem äußeren Widerstand W_a

$$I = \frac{n\,E}{W_a + n\,W_i} \text{ Amp.} = \frac{E}{\frac{W_a}{n} + W_i} \text{ Amp.} \tag{26}$$

Ist der äußere Widerstand klein gegen den inneren, so geht die Formel über in $I = \frac{E}{W_i}$, d. h. die Stromstärke ist annähernd gleich der eines einzigen Elementes; ist aber W_i klein gegen W_a, so daß $n \cdot W_i$ gegen W_a vernachlässigt werden darf, so erhalten wir $I = \frac{n\,E}{W_a}$, d. h. bei sehr großem äußeren Widerstand ist die Stromstärke bei Hintereinanderschaltung der Anzahl der Elemente proportional.

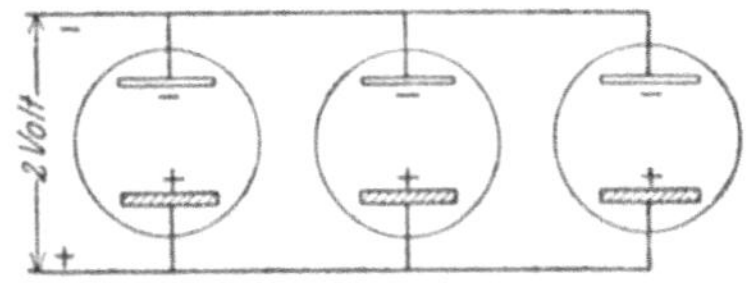

Abb. 8. Drei Elemente in Parallelschaltung.

Werden die n gleichen Elemente aber parallel geschaltet (Abb. 8), so ist bei einem inneren Widerstand W_i, einem äußeren Widerstand W_a und einer elektromotorischen Kraft E für jede Zelle

$$I = \frac{E}{W_a + \frac{W_i}{n}} \text{ Amp.} \tag{27}$$

Ist hier W_a klein gegen W_i, so geht vorstehende Gleichung über in $I = \frac{nE}{W_i}$, d. h. die Stromstärke wächst mit der Anzahl der Elemente; ist aber W_a groß gegen W_i, so ist die Stromstärke gleich der Stromstärke einer einzigen Zelle.

Ist $W_a = 0$, so haben wir Kurzschluß; in diesem Falle wird

$$I_0 = \frac{E}{W_i} \text{ Amp.} \tag{27a}$$

Beispiel: Ein Akkumulator habe eine Zellenspannung von 2 Volt und einen inneren Widerstand $W = 0{,}15$ Ohm. Eine Batterie von 3 Elementen hat dann einen inneren Widerstand von 0,45 Ohm. Wird wie bei der Heizung einer Verstärkerröhre ein Strom I von 0,56 Amp. entnommen, so beträgt der Spannungsabfall $0{,}45 \cdot 0{,}56$ Volt $= 0{,}25$ Volt und die Klemmenspannung $E_1 = E - IW_1 = 3 \cdot 2 - 0{,}25$ Volt $= 5{,}75$ Volt. Der Kurzschlußstrom wird $I_0 = \frac{6}{0{,}45}$ Amp. $= 13^1/_3$ Amp.

C. Magnetismus und Elektromagnetismus.

Die absolute Einheit der magnetischen Polstärke ist diejenige, die eine gleiche in der Entfernung 1 cm befindliche mit der Kraft 1 Dyne abstößt. Die Polstärke m wirkt auf die Polstärke 1 in der Entfernung 1 cm mit der Kraft m Dynen. Die abstoßende, bzw. anziehende Kraft zweier Pole der Polstärken m_1 und m_2 in der Entfernung r cm ist

$$K = \frac{m_1 \cdot m_2}{r^2} \text{ Dynen (Gesetz von Coulomb).} \tag{28}$$

Die Kraft, mit der ein Magnetpol der Polstärke m auf einen solchen mit der Polstärke 1 an irgend einem Punkte des Raumes einwirkt, heißt die magnetische Feldstärke in diesem Punkte; sie beträgt in r cm Entfernung

$$\mathfrak{H} = \frac{m}{r^2} \text{ Dynen.} \tag{29}$$

Demnach gilt für die Kraft, die auf einen Pol m_1 im Felde ausgeübt wird,

$$K = \mathfrak{H} \cdot m_1 \text{ Dynen.} \qquad (30)$$

Die Richtung der Feldstärke wird durch die Kraftlinien angegeben; ihre Zahl wird so festgesetzt, daß durch 1 cm^2 in einer bestimmten Entfernung gerade so viele Kraftlinien senkrecht hindurchgehen, als die Feldstärke hier beträgt.

Die Zahl der durch eine Fläche der Größe F (in cm^2) senkrecht hindurchgehenden Kraftlinien heißt Kraftfluß; er ist für ein homogenes Feld

$$\Phi = F \cdot \mathfrak{H}. \qquad (31)$$

Von dem Pol der Polstärke m gehen im ganzen $4\pi m$ Kraftlinien aus.

Die hier aufgestellten Gleichungen für das magnetische Feld gelten nur für das Vakuum; mit sehr großer Annäherung treffen sie auch für die meisten Körper, besonders für Luft zu. Bringt man aber weiches Eisen in das Feld eines Magneten, so wächst die Zahl der Kraftlinien pro Flächeneinheit ganz beträchtlich. Die Zahl der jetzt vorhandenen Kraftlinien bezeichnet man als magnetische Induktion $\mathfrak{B}$ des Eisens und die Linien als Induktionslinien. Der Bruch $\frac{\mathfrak{B}}{\mathfrak{H}}$ heißt Permeabilität und wird mit μ bezeichnet. Es ist

$$\mathfrak{B} = \mu \cdot \mathfrak{H}. \qquad (32)$$

In einem Mittel mit der Permeabilität μ nimmt Gl. (28) die Form an

$$K = \frac{1}{\mu} \cdot \frac{m_1 \cdot m_2}{r^2} \text{ Dynen}. \qquad (28a)$$

Der Induktionsfluß, das ist die Zahl der durch eine Fläche der Größe F (in cm^2) hindurchgehenden Induktionslinien, ist für ein homogenes Feld

$$\Phi = F \cdot \mathfrak{B}\,[1]. \qquad (31a)$$

Die Permeabilität μ ist eine Funktion der Feldstärke, die für $\mathfrak{H}$ zwischen 1 und 20 einen höchsten Wert[2]) hat. Die Ab-

[1]) Gilt nur bei gleichmäßiger Verteilung der Induktionslinien.

[2]) Ein genauer Wert von $\mathfrak{H}$ läßt sich nicht angeben, da das Maximum von μ auch noch von der Eisensorte abhängig ist. Der Maximalwert liegt immer an der steilsten Stelle der $\mathfrak{H}$-$\mathfrak{B}$-Kurve (vgl. Abb. 9).

hängigkeit der Induktion von der Feldstärke wird in Abb. 9 wiedergegeben.

Der magnetischen Wirkung des elektrischen Stromes liegt das von Biot und Savart aufgestellte Gesetz zugrunde, nach dem der Strom i [in Weber[1]) = abs. elektromagn. Einh.] in

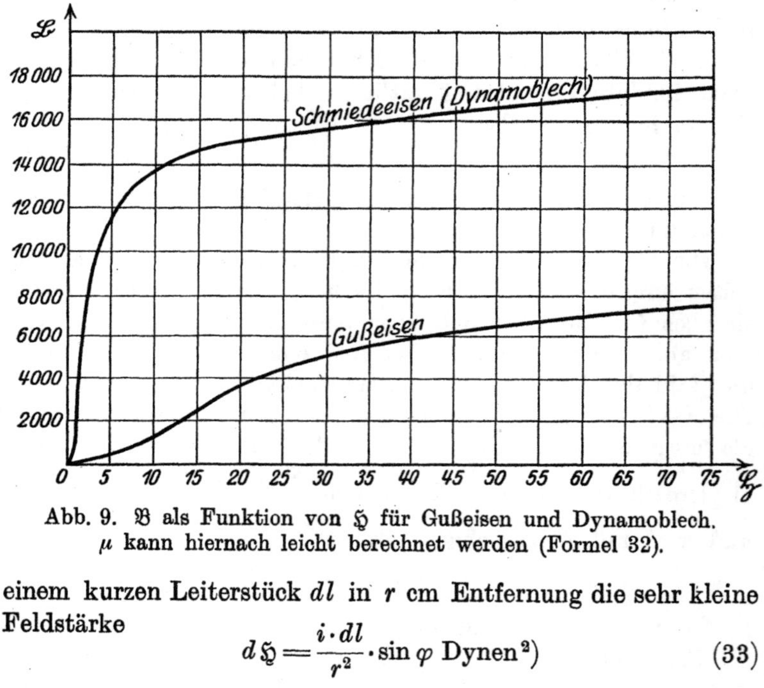

Abb. 9. $\mathfrak{B}$ als Funktion von $\mathfrak{H}$ für Gußeisen und Dynamoblech. μ kann hiernach leicht berechnet werden (Formel 32).

einem kurzen Leiterstück dl in r cm Entfernung die sehr kleine Feldstärke

$$d\,\mathfrak{H} = \frac{i \cdot dl}{r^2} \cdot \sin\varphi \text{ Dynen}^{2)} \tag{33}$$

erzeugt, wo φ den Winkel bezeichnet, den der von der Mitte von dl nach dem Magnetpol gezogene Radius r mit der Stromrichtung bildet (Abb. 10).

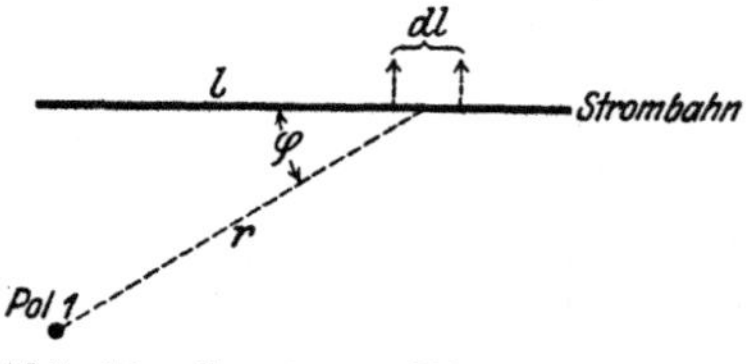

Abb. 10. Gesetz von Biot und Savart.

Die vom Strom erzeugten magnetischen Kraftlinien umgeben den Leiter kreisförmig; ihre Richtung ergibt sich aus der Flemmingschen Regel, welche besagt: Gibt der

[1]) 1 Weber = 10 Ampere.

[2]) Ist die Stromstärke I Ampere, so ist in den Formeln (33) bis (39) auf der rechten Seite der Teiler 10 hinzuzusetzen.

Daumen der geschlossenen rechten Hand die Richtung des Stromes an, so zeigen die Finger in die Richtung der Kraftlinien.

Die auf einen punktförmigen Magnetpol der Stärke m durch einen vom Strom der Stärke i durchflossenen unendlich langen Leiter l ausgeübte Kraft ist

$$K = \frac{2\,i\,m}{R}\ \text{Dynen}, \tag{34}$$

wo R den senkrechten Abstand zwischen Pol und Leiter darstellt.

Führt man den Magnetpol ganz um den Leiter herum, so muß zur Überwindung der magnetischen Kräfte die Arbeit geleistet werden

$$A = 4\pi \cdot i \cdot m\ \text{Erg}. \tag{35}$$

Das Magnetfeld im Mittelpunkt eines kreisförmigen Leiters, dessen Radius r ist, ist (Abb. 11)

$$\mathfrak{H} = \frac{2\pi i}{r}. \tag{36}$$

Für ein Bogenstück b wird

$$\mathfrak{H} = \frac{i b}{r^2}. \tag{36a}$$

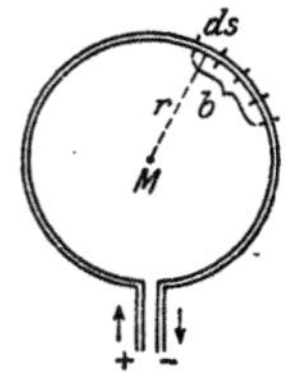

Abb. 11. Magnetfeld im Mittelpunkt eines kreisförmigen Leiters.

Sind N Windungen vorhanden, die so nahe beisammen liegen, daß Dicke und Breite des von ihnen gebildeten Ringes klein sind gegenüber dem Radius r, so ist

$$\mathfrak{H} = \frac{2\pi N i}{r}. \tag{37}$$

Für die Feldstärke im Mittelpunkt eines Stromrechtecks mit den Seiten a und b ergibt sich

$$\mathfrak{H} = \frac{8 i \sqrt{a^2 + b^2}}{a b}. \tag{38}$$

Beispiel: Ein gerader Leitungsdraht, der von der von einem Strom der Stärke 1,5 Amp. durchflossen wird, erzeugt in 5 cm Abstand nach Formel (33) ein Magnetfeld $\mathfrak{H} = \frac{2 \cdot 1{,}5}{10 \cdot 5} = 0{,}06$[1]. Die Kraft, die einen Magnetpol der Stärke 2000 in dieser Entfernung um den Draht herum zu treiben sucht, ist somit $K = 2000 \cdot 0{,}06$ Dynen $= 120$ Dynen. Würde

[1]) Der Divisor 10 erklärt sich daraus, daß in den bisherigen Formeln die Stromstärke in elektromagnetischen (Einheit 1 Weber) Einheiten angenommen wurde. Es ist 1 Amp. = 0,1 Weber (s. Anm. auf S. 18).

man denselben Strom durch eine Windung eines Kreises vom Radius 5 cm schicken, so wäre die Feldstärke im Mittelpunkt

$$\mathfrak{H} = \frac{2\pi \cdot 1,5}{10 \cdot 5} = 0,06 \cdot \pi = 0,1884 .$$

Bei 10 sehr nahe beieinander liegenden Windungen ergibt sich der 10fache Betrag.

Das magnetische Feld einer Stromspule, deren Achse lang ist gegenüber ihrem Wicklungsdurchmesser, ist

$$\mathfrak{H} = \frac{4\pi i z}{l} . \tag{39}$$

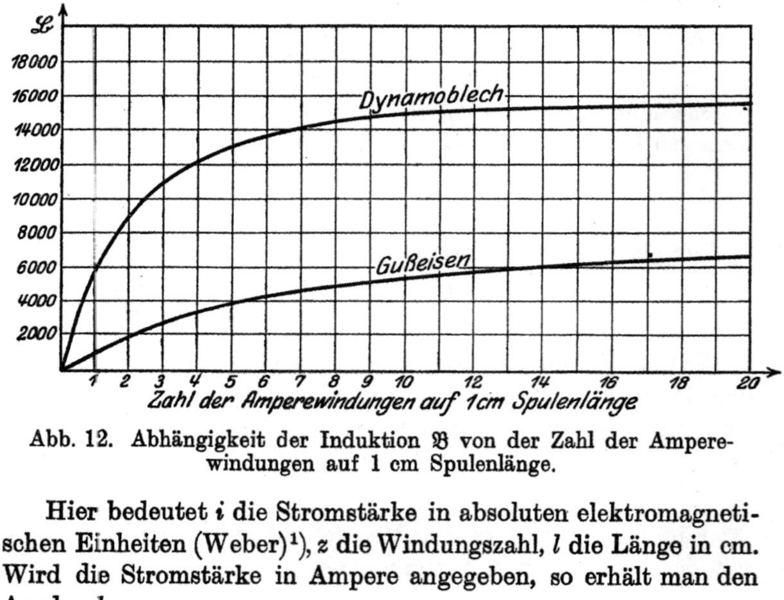

Abb. 12. Abhängigkeit der Induktion 𝔅 von der Zahl der Amperewindungen auf 1 cm Spulenlänge.

Hier bedeutet i die Stromstärke in absoluten elektromagnetischen Einheiten (Weber)[1], z die Windungszahl, l die Länge in cm. Wird die Stromstärke in Ampere angegeben, so erhält man den Ausdruck

$$\mathfrak{H} = \frac{0,4 \cdot \pi I \cdot z}{l} . \tag{39a}$$

Die Größe $\frac{I \cdot z}{l}$ bezeichnet man wohl als Zahl der Amperewindungen pro Längeneinheit. Für den Fall, daß die Einwirkung der Enden nicht zu vernachlässigen ist (kurze Spule), gilt im Mittelpunkt der Spule die Formel

$$\mathfrak{H} = \frac{0,2\pi I \cdot z}{d} , \tag{40}$$

[1]) Vgl. die Anmerkung auf S. 18 u. 19.

wo d den Abstand des Spulenmittelpunkts vom Spulenrand bedeutet. Bei den Formeln (38) und (39) liegt der Punkt, in dem das Feld bestimmt wird, in der Mitte der Spule auf der Achse.

Die hier angegebenen Formeln gelten in einem Mittel, dessen Permeabilität 1 ist, also etwa für Luft. Setzt man an die Stelle dieses Mittels etwa einen Eisenkern, so hat man die rechte Seite sämtlicher Gleichungen von (32) bis (39) mit der Permeabilität des Eisens zu multiplizieren. Gleichung (38) wird dann z. B.

$$\mathfrak{B} = 4\pi \frac{iz}{l} \mu = 0{,}4\,\pi \cdot \mu \frac{I \cdot z}{l} . \tag{39b}$$

Wegen der Abhängigkeit der Permeabilität μ vom Magnetisierungsstrom entnimmt man die Werte für $\mathfrak{B}$ aus Tabellen oder graphischen Darstellungen (Abb. 12).

Formel (39) gilt streng für eine ringförmige Spule (geschlossenes Toroid). Das Schema einer solchen Spule ist in Abb. 15 (S. 24) gezeichnet.

D. Induktion und Selbstinduktion.

In einem geschlossenen Leiter entsteht stets ein elektrischer Strom, der Induktionsstrom, wenn der umschlossene Kraftfluß sich ändert; die Größe der Spannung ist der Änderungsgeschwindigkeit des Kraftflusses, d. h. dem Verhältnis der Änderung des Kraftflusses zu der dazu gebrauchten Zeit proportional, ihre Richtung ergibt sich aus der Rechte-Handregel, welche lautet: Biegt man die drei ersten Finger der rechten Hand so, daß sie ungezwungen drei rechte Winkel miteinander bilden, und hält man den Daumen in Richtung der Bewegung, den Zeigefinger in Richtung der Kraftlinien, so gibt der Mittelfinger die Richtung der induzierten Spannung an (Abb. 13).

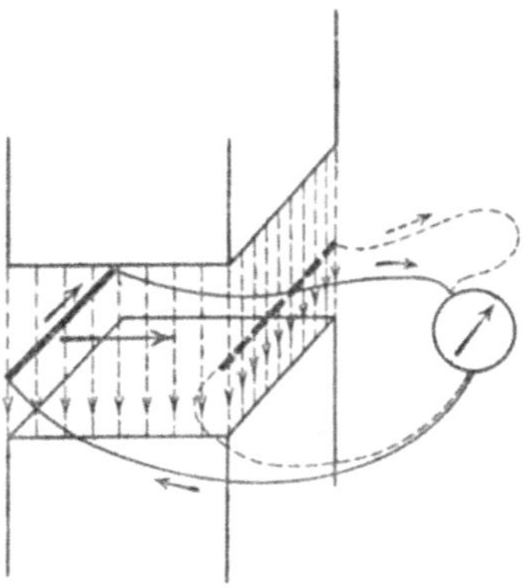

Abb. 13. Induktionsregel.

Die elektromagnetische Einheit der Spannung entsteht in einem Draht, wenn das Verhältnis der Zahl der geschnittenen Kraftlinien zu der dazu gebrauchten Zeit den Wert 1 hat (Definition).

1 Volt $= 10^8$ elektromagnetische Einheiten der Spannung.

Ist $d\Phi$ die Zahl der in der sehr kleinen Zeit dt geschnittenen Kraftlinien oder auch die Änderung des Kraftflusses, so ist die Induktionsspannung

$$E_i = -\frac{d\Phi}{dt} 10^{-8} \text{ Volt.} \quad \text{(Allgemeines Induktionsgesetz.)} \quad (41)$$

(Das —-Zeichen bezieht sich auf die Richtung des Stromes. Wir haben auf S. 18 gesehen, daß zu jedem Magnetfelde eine Stromrichtung gehört, die sich aus der Flemmingschen Regel ergibt. Denkt man sich das Kraftfeld durch einen elektrischen Strom erzeugt, so muß dieser entgegengesetzte Richtung haben wie der obige Induktionsstrom.)

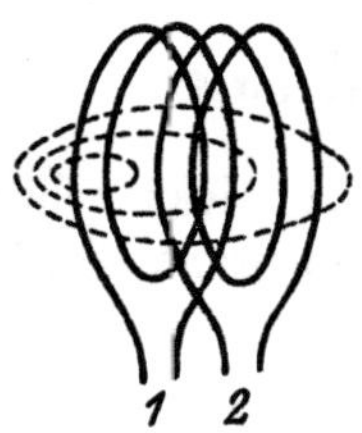

Abb. 14. Gegenseitige Induktion zweier Spulen.

Werden gleichzeitig N Windungen einer Spule von den Kraftlinien geschnitten in einem Sinne, daß die entstehenden Spannungen gleiche Richtung haben, so ist

$$E_i = -N \cdot \frac{d\Phi}{dt} 10^{-8} \text{ Volt}. \quad (42)$$

Sind zwei Spulen (1) und (2) so angeordnet (Abb. 14), daß die Kraftlinien, die durch einen in der einen (1) fließenden Strom I_1 erzeugt werden, die Windungen der anderen (2) schneiden, so wird in dieser ebenfalls eine Spannung E_{i2} induziert, die wieder dem Ausdruck $\frac{d\Phi}{dt}$ und mithin auch dem Ausdruck $\frac{dI_1}{dt}$ proportional ist

$$E_{i2} = -M \cdot \frac{dI_1}{dt} \text{ Volt}. \quad (43)$$

Spule (1) heißt Primärspule, Spule (2) Sekundärspule. Die Rolle beider Spulen kann vertauscht werden, so daß auch gilt

$$E_{i1} = -M \cdot \frac{dI_2}{dt} \text{ Volt}. \quad (43\text{a})$$

M heißt der Koeffizient der gegenseitigen Induktion. Er ist außer von dem Produkt der Windungszahlen $N_1 \cdot N_2$ noch von dem Bau der beiden Spulen und ihrer gegenseitigen Lage abhängig (s. S. 24).

Unter der Selbstinduktionsspannung E_s verstehen wir die elektromotorische Kraft, die in einer Spule erzeugt wird, wenn die Kraftlinien des sie durchfließenden Stromes ihre eigenen Windungen schneiden. Es ist

$$E_s = -L \cdot \frac{dI}{dt} \text{ Volt}. \tag{44}$$

L heißt Selbstinduktionskoeffizient. Die Einheit des Selbstinduktionskoeffizienten, das Henry, besitzt eine Spule, in der bei gleichmäßiger Änderung der Stromstärke um 1 Amp. in der Sekunde die Selbstinduktionsspannung von 1 Volt entsteht (Definition). Die absolute elektromagnetische Einheit des Selbstinduktionskoeffizienten ist das cm.

$$1 \text{ Henry (H)} = 10^9 \text{ cm} = 10^3 \text{ Millihenry (MH)}.$$

Tabelle 7.

Tabelle zur Umrechnung von Henry und MH in cm.

1	Henry	=	1000000	Millihenry	=	1000000000	cm
0,1	„	=	100000	„	=	100000000	„
0,01	„	=	10000	„	=	10000000	„
0,001	„	=	1000	„	=	1000000	„
10^{-4}	„	=	100	„	=	100000	„
10^{-5}	„	=	10	„	=	10000	„
10^{-6}	„	=	1	„	=	1000	„
10^{-7}	„	=	0,1	„	=	100	„
10^{-8}	„	=	0,01	„	=	10	„
10^{-9}	„	=	0,001	„	=	1	„

Der Koeffizient der gegenseitigen Induktion wird ebenfalls in Henry oder cm angegeben. Haben zwei Spulen (1) und (2) die Selbstinduktionskoeffizienten L_1 und L_2 und sind sie so angeordnet, daß die Kraftlinien der einen Spule von der anderen ganz umschlossen werden und mit deren eigenen Kraftlinien in der Richtung übereinstimmen (streuungslose Anordnung), so erreicht der Koeffizient der gegenseitigen Induktion den Maximalwert

$$M_0 = \sqrt{L_1 \cdot L_2}. \tag{45}$$

Bei nicht streuungsloser Anordnung ist M ein Bruchteil dieses Wertes

$$M = k \cdot \sqrt{L_1 \cdot L_2}\,. \tag{46}$$

k heißt der **Koppelungskoeffizient** (S. 44) $k < 1$.

Berechnung des Selbstinduktionskoeffizienten.

a) für eine ringförmige Spule (Abb. 15) (geschlossenes Toroid)

$$L_{cm} = 4\pi N^2 \mu \frac{q}{l}\,. \tag{47}$$

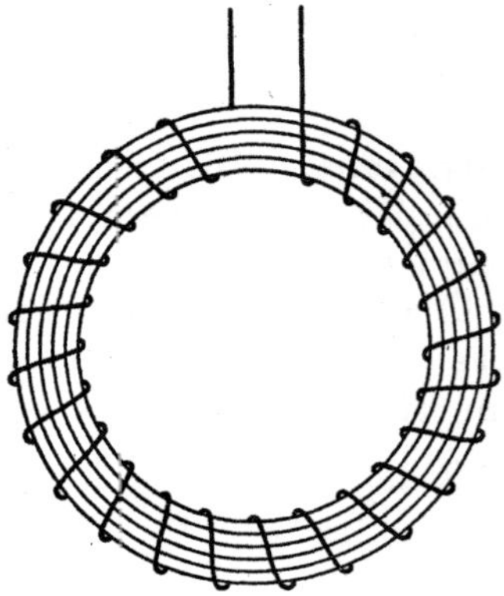

Abb. 15. Eisengeschlossenes ringförmiges Toroid.

Hier ist N die Gesamtwindungszahl, μ die Permeabilität des die Spule ausfüllenden Eisens, q der Spulenquerschnitt (cm^2), l die Spulenlänge (cm). Für eine eisenlose Spule ist $\mu = 1$ zu nehmen, enthält die Spule einen Eisenkern, so ist μ und damit L nicht mehr konstant, sondern von der Stromstärke abhängig.

b) die Formel (47) gilt auch näherungsweise für eine sehr lange Spule (lange Zylinderspule, Schiebespule).

Beispiel: Es soll der Selbstinduktionskoeffizient einer Schiebespule vom Durchmesser $d = 8$ cm und der Länge $l = 20$ cm, die mit 20 Windungen pro cm einlagig bewickelt ist, berechnet werden.

Da $N = 20 \cdot 20 = 400$, ist $L_{cm} = \frac{4 \cdot \pi\, 400^2 \cdot 4^2 \cdot \pi}{20} \sim 5 \cdot 10^6$.

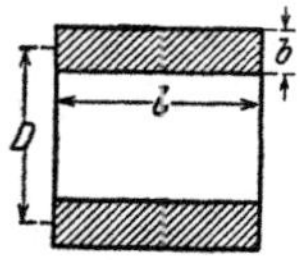

Abb. 16. Zur Formel von Korndörfer.

c) Für die Berechnung des Selbstinduktionskoeffizienten der in der Radiotechnik gebrauchten Spulen verwendet man vielfach die empirischen Formeln von **Korndörfer**

$$L_{cm} = 10{,}5 \cdot N^2 \cdot D \cdot k\,. \tag{48}$$

Hier bedeutet (s. Abb. 16) N die Gesamtwindungszahl, D den mittleren Spulendurchmesser in cm, U den Umfang des rechteckigen Wickelungsquerschnitts in cm, also $U = 2\,(l + b)$, wo l die Spulenlänge, b die Dicke der

Drahtschicht ist. k eine Funktion von $\frac{D}{U}$, und zwar ist

$$k = \sqrt[4]{\frac{D}{U}}, \text{ wenn } \frac{D}{U} \text{ zwischen 0 und 1} \qquad \text{a)}$$

$$k = \sqrt{\frac{D}{U}}, \text{ wenn } \frac{D}{U} \text{ zwischen 1 und 3} \qquad \text{b)}$$

$$k = 1, \text{ wenn } D = U. \qquad \text{c)}$$

Beispiel: Es sei $N = 50$, $D = 10$, $l = 5$, $b = 0{,}4$, dann ist $U = 2 \cdot 5{,}4 = 10{,}8$; $\frac{D}{U} = \frac{10}{10{,}8} = 0{,}93$, also nach a)

$$L_{cm} = 10{,}5 \cdot 50^2 \cdot 10 \cdot \sqrt[4]{0{,}93} = 2{,}6 \cdot 10^5.$$

Für $\frac{D}{U} > 3$ sind die Formeln nicht mehr zu verwenden, außerdem ist für Spulen, für die $\frac{b}{l} \gtreqless 7$ ist (Flachspulen) für alle Werte von $\frac{D}{U}$ zwischen 0 und 3 nach Formel b) zu rechnen.

d) Bei Zylinderspulen bedient man sich zweckmäßig der Formel

$$L_{cm} = \frac{a \cdot N^2 \cdot D^2}{l}, \qquad (49)$$

in der wie bisher N die Gesamtwindungszahl, D den Durchmesser in cm und l die Spulenlänge in cm bedeuten und a eine Funktion von $\frac{l}{D}$ ist, die aus folgendem Diagramm (Abb. 17) zu entnehmen ist:

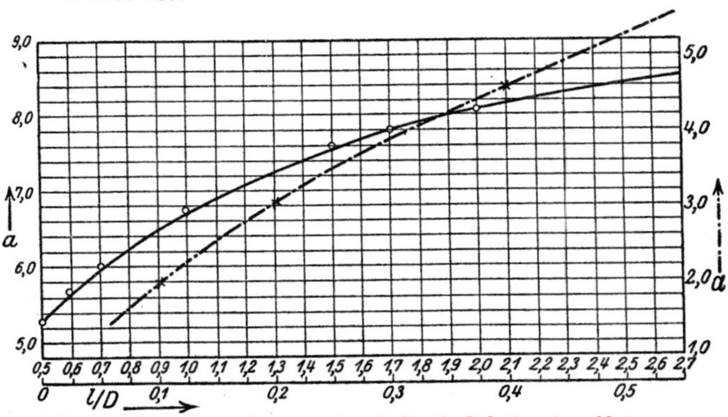

Abb. 17. Zur Berechnung des Selbstinduktionskoeffizienten.

Für Werte von $\frac{l}{D}$ bis 0,5 gilt die strichpunktierte Kurve, für größere die ausgezogene.

Beispiel: Legen wir die Zahlen der Aufgabe unter b) zugrunde, so ergibt sich, da $\frac{l}{D} = 2{,}5$ und infolgedessen $a = 8{,}4$ ist,

$$L_{\text{cm}} = \frac{8{,}4 \cdot 400^2 \cdot 8^2}{20} = 4{,}3 \cdot 10^6 .$$

Der nach obiger Näherungsformel errechnete Wert ist also zu groß.

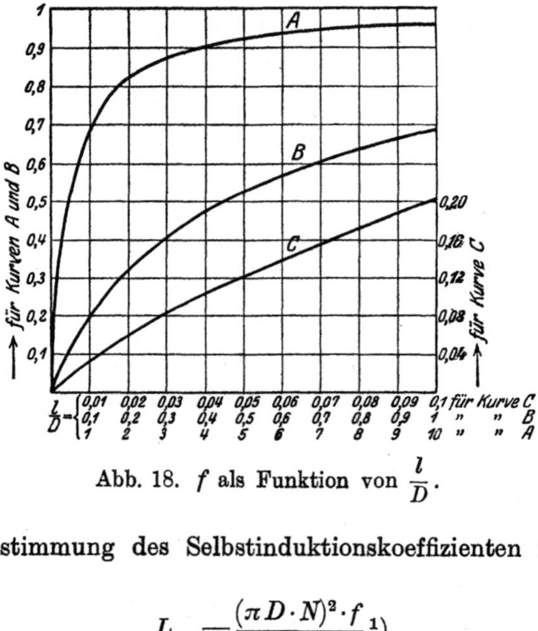

Abb. 18. f als Funktion von $\frac{l}{D}$.

e) Bestimmung des Selbstinduktionskoeffizienten nach der **Abb. 18**

$$L_{\text{cm}} = \frac{(\pi D \cdot N)^2 \cdot f}{l} \text{[1]}. \tag{50}$$

---

[1]) Die Formel (50) ist im Grunde genommen mit der Formel (49) identisch, was sofort erkannt wird, wenn man sie schreibt

$$L_{\text{cm}} = \frac{N^2 \cdot D^2}{l} \cdot \pi^2 \cdot f .$$

Der Koeffizient a in (49) ist also gleich $\pi^2 \cdot f$. Ein Vergleich der Kurven in Abb. 17 und 18 ergibt auch, daß a rund 10mal so groß ist wie f, im Einklang mit der Tatsache, das $\pi^2 \sim 10$ ist.

D, N und l haben hier dieselbe Bedeutung wie unter d). f ist eine Funktion von $\frac{l}{D}$, die man aus der Abb. 18 entnimmt und dann in die Formel einsetzt.

Beispiel: Wir nehmen das Beispiel unter c). $\frac{l}{D} = 0{,}5$, $f = 0{,}525$, also

$$L_{cm} = \frac{(3{,}14 \cdot 10 \cdot 50)^2 \cdot 0{,}525}{5} = 2{,}6 \cdot 10^5.$$

Die Formeln (49) und (50) eignen sich auch für Flachspulen, bei denen man die Wickelungstiefe l als Spulenlänge ansieht.

Beispiel: Der Selbstinduktionskoeffizient einer Flachspule von folgenden Dimensionen ist zu berechnen: innerer Durchmesser 5,3 cm, äußerer Durchmesser 8,7 cm, $N = 126$.

Es ist hier $l = 1{,}7$, $D = 7$, $\frac{l}{D} = 0{,}243$ f (s. Abb. 18) $= 0{,}36$,

also $$L_{cm} = \frac{(3{,}14 \cdot 7 \cdot 126)^2 \cdot 0{,}36}{1{,}7} \sim 1{,}64 \cdot 10^6.$$

f) Der Selbstinduktionskoeffizient eines linearen Drahtes von der Länge l und dem Durchmesser $2r$ ist

$$L_{cm} = 2l \log \text{nat} \frac{2l}{r} \text{ [1]}. \tag{51}$$

g) Um die Länge der Selbstinduktionsspule zu bestimmen, wenn der Durchmesser D, die Windungszahl der Längeneinheit $n = \frac{N}{l}$ und der Selbstinduktionskoeffizient L bekannt sind, bedient man sich der Kurven in Abb. 19, die die Werte $\frac{l}{D}$ als Funktionen von $\frac{l}{D} \cdot f$ darstellen, da die Formel (50) sich auch schreiben läßt:

$$\frac{L}{\pi^2 \cdot n^2 \cdot D^3} = \frac{l}{D} \cdot f. \tag{50a}$$

Beispiel: Der Selbstinduktionskoeffizient einer herzustellenden Spule soll $2{,}5 \cdot 10^6$ cm sein. Der zur Verfügung stehende Spulenkörper habe einen Durchmesser von 12 cm und soll mit Lackdrahtlitze $154 \times 0{,}07$ mm ∅, 1 mal Seide, 1 mal Baumwolle umsponnen, dreilagig bewickelt werden. Wie lang ist die Spule zu nehmen?

---

[1] Vgl. Anmerkung S. 4.

Aus der Tabelle 8 ergibt sich zunächst die Anzahl der Windungen der Längeneinheit $= 7{,}2 \cdot 3 = 21{,}6$. Hieraus errechnet man die linke Seite der obigen Gleichung $\frac{L}{\pi^2 n^2 \cdot D^3}$ und findet 0,31. Dieser Wert wird als $\frac{l}{D} f$ in die Abb. 19 eingesetzt, und man kann das zugehörige $\frac{l}{D}$ ablesen. Multipliziert man den erhaltenen Wert für $\frac{l}{D}$ mit D, so ergibt sich l. Wir erhalten $\frac{l}{D} = 0{,}56$; $l = 0{,}56 \cdot 12 \sim 6{,}7$ cm.

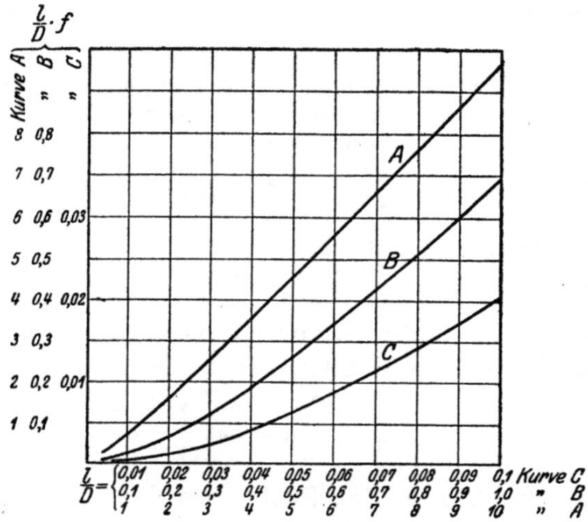

Abb. 19. $\frac{l}{D} \cdot f$ als Funktion von $\frac{l}{D}$.

Tabelle 8. Windungszahl für 1 cm Spulenlänge.

Lack-drahtlitze mm ∅	Isolierung	Anzahl der Windungen auf Spulenlänge 1 cm
56 × 0,07	1 mal Seide, 1 mal Baumw. umsponnen	9,8
130 × 0,07	1 " " , 1 " " "	7,2
133 × 0,07	1 " " , 2 " " "	6,4
154 × 0,07	1 " " , 1 " " "	7,2
154 × 0,07	1 " " , 2 " " "	6,4
175 × 0,07	1 " " , 2 " " "	6,0
210 × 0,07	1 " " , 2 " " "	5,7
240 × 0,07	1 " " , 2 " " "	5,2

Bei Verwendung von Massivdraht ist n aus der Drahtdicke zu errechnen, wobei die Dicke der Isolierschicht zu berücksichtigen ist.

Den Selbstinduktionskoeffizienten eines Systems von Leitern errechnet man bei Hintereinanderschaltung (Abb. 20) nach der Formel

$$L = L_1 + L_2 + \ldots + L_n, \quad (52)$$

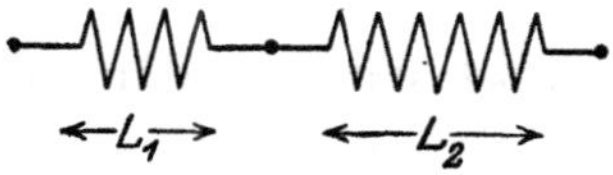

Abb. 20. Zwei Selbstinduktionen in Reihenschaltung.

bei Parallelschaltung (Abb. 21) nach der Formel

$$L = \frac{1}{\frac{1}{L_1} + \frac{1}{L_2} + \ldots + \frac{1}{L_n}}, \quad (53)$$

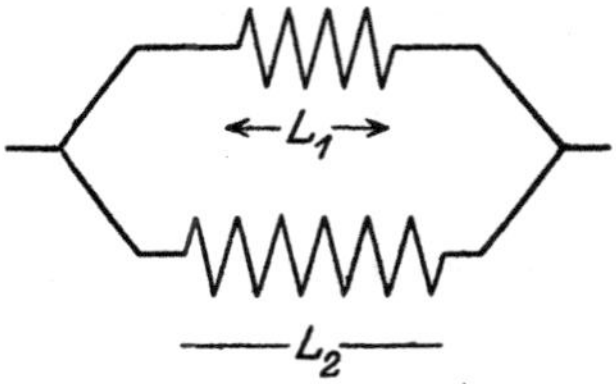

Abb. 21. Zwei Induktionsspulen in Parallelschaltung.

wo $L_1, L_2, \ldots, L_n$ die Selbstinduktionskoeffizienten der einzelnen Spulen bedeuten. Dabei ist angenommen, daß die Spulen so weit voneinander entfernt sind, daß sie sich nicht gegenseitig beeinflussen. Für zwei Spulen lautet die genaue Formel im Falle der Reihenschaltung

$$L = L_1 + L_2 \pm 2M, \quad (54)$$

je nachdem, ob die Spulen in gleicher oder in entgegengesetzter Richtung vom Strom durchflossen werden.

Von Formel (52) macht man Gebrauch, wenn man zu längeren Wellen übergehen will, von Formel (53) beim Übergang zu kleineren Wellenlängen.

Beispiel: Schaltet man zwei Spulen von den Selbstinduktionskoeffizienten $1{,}6 \cdot 10^5$ cm und $2{,}4 \cdot 10^5$ cm parallel, so beträgt der Selbstinduktionskoeffizient $9{,}6 \cdot 10^4$ cm, während man bei Serienschaltung einen Selbstinduktionskoeffizienten von $4 \cdot 10^5$ cm erhält; vorausgesetzt ist dabei, daß die Spulen sich nicht gegenseitig beeinflussen. Bei streuungsloser Anordnung $\left(M_0 = \sqrt{L_1 \cdot L_2}\right)$ erhält man im Falle der Reihenschaltung $L = (\sqrt{L_1} \pm \sqrt{L_2})^2$.

E. Wechselstrom.

Der sinusförmige Wechselstrom wird dargestellt durch die Beziehung

$$I_t = I_0 \cdot \sin \frac{2\pi}{T} t = I_0 \cdot \sin 2\pi\nu \cdot t = I_0 \cdot \sin \omega t, \quad (55a)$$

die Spannung durch

$$E_t = E_0 \cdot \sin \frac{2\pi}{T} t = E_0 \cdot \sin 2\pi\nu \cdot t = E_0 \cdot \sin \omega t. \tag{55b}$$

I_0 ist der Scheitelwert der Stromstärke, E_0 die Scheitelspannung, T die Periode (bei den Überlandzentralen meistens $^1/_{50}$ sec), t die Zeit in Sek. $\frac{2\pi}{T} = \omega$ heißt Winkelgeschwindigkeit oder Kreisfrequenz, während $\nu = \frac{1}{T}$ die eigentliche Frequenz ist (quasistationärer Wechselstrom).

Besitzt ein Leiter den Selbstinduktionskoeffizienten L, so erzeugt der Wechselstrom $I = I_0 \cdot \sin \omega t$ in ihm eine Selbstinduktionsspannung E_s, die um eine Viertelperiode in der Phase gegen den ursprünglichen Strom verschoben ist.

$$E_s = -L \cdot \frac{dI}{dt} = -L \cdot I_0\,\omega \cdot \cos \omega t$$

$$= -L \cdot I_0 \cdot \omega \cdot \sin\left(\omega t + \frac{\pi}{2}\right). \tag{56}$$

Ohmscher Widerstand, Selbstinduktionskoeffizient und Kapazität der Leitung bestimmen das Verhältnis zwischen Stärke und Spannung des Wechselstromes. Im folgenden sind alle Größen in praktischen (technischen) Einheiten zu nehmen; es bedeutet also E die Spannung in Volt, I die Stromstärke in Ampere, W den Ohmschen Widerstand in Ohm, L den Selbstinduktionskoeffizienten in Henry und C die Kapazität in Farad.

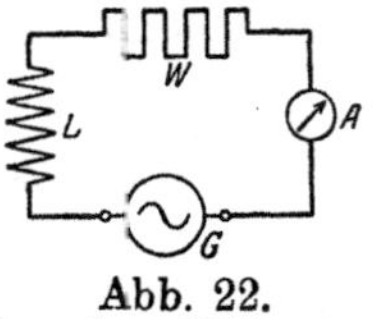

Abb. 22. Ohmscher Widerstand und Selbstinduktion in Reihenschaltung.

a) Schaltet man den Ohmschen Widerstand W mit der Selbstinduktion L in Reihe (Abb. 22), so besteht zwischen der Spannung $E_t = E_0 \sin \omega t$ und der Stromstärke I_t die Beziehung

$$I_t = \frac{E_0}{\sqrt{W^2 + \omega^2 L^2}} \cdot \sin(\omega t - \varphi), \tag{57}$$

wo φ den Phasenwinkel bedeutet, der durch die Beziehung festgelegt ist

$$\operatorname{tg} \varphi = \frac{\omega L}{W}. \tag{58}$$

Der Strom eilt der Spannung um $\frac{\varphi T}{2\pi}$ Sek. nach. Zwischen den Scheitelwerten besteht die Gleichung

$$E_0 = I_0 \sqrt{W^2 + \omega^2 L^2}\,. \tag{59}$$

Der Ausdruck $\sqrt{W^2 + \omega^2 L^2}$ ist der scheinbare Wechselstromwiderstand, er heißt Impedanz.

Ist W so klein, daß es gegen ωL vernachlässigt werden kann (Drosselspule), so beträgt die Phasenverschiebung zwischen Strom und Spannung $\frac{\pi}{2}$, und es wird

$$I_t = -\frac{E_0}{\omega L} \cos \omega t\,. \tag{60}$$

ωL ist die Induktanz oder der induktive Widerstand.

Bei sehr hohen Werten von ν (Hochfrequenz) ist diese Größe als Wechselstromwiderstand der Spule aufzufassen.

Beispiel: Ein Fernhörer habe einen Gleichstromwiderstand $W = 4000$ Ohm, bei der Erregung mit einem Summer, der 1000 Schwingungen in der Sekunde ausführt, ergebe sich eine Impedanz von 5822 Ohm. Nun soll der Selbstinduktionskoeffizient der Hörerspulen ausgerechnet werden.

Es gilt die Beziehung $5822^2 = 4000^2 + (2\pi \cdot N \cdot L)^2$, woraus sich ergibt $L = \frac{\sqrt{5822^2 - 4000^2}}{2 \cdot \pi \cdot 1000}$ Henry $= 0{,}67$ Henry. Dieser Selbstinduktionskoeffizient gilt natürlich nur für eine bestimmte Stromstärke, da ja die Spule Eisen enthält.

Beispiel: Wie groß muß der Selbstinduktionskoeffizient einer Hochfrequenzdrossel sein, damit sie bei der Frequenz 500000 einen Wechselstromwiderstand von 100000 Ohm hat?

Hier ist also $100000 = 2\pi \cdot 500000 \cdot L$ oder $L = 0{,}0318$ Henry $= 3{,}18 \cdot 10^7$ cm. (Wie daraus die Windungszahl der Spule sich ergibt, s. S. 24—27.)

b) Sind Ohmscher Widerstand W und Kapazität C in Reihe geschaltet (Abb. 23), so gilt die Formel

$$I_t = \frac{E_0}{\sqrt{W^2 + \frac{1}{\omega^2 C^2}}} \sin(\omega t + \varphi), \tag{61}$$

wo

$$\operatorname{tg} \varphi = \frac{1}{\omega C \cdot W}. \tag{62}$$

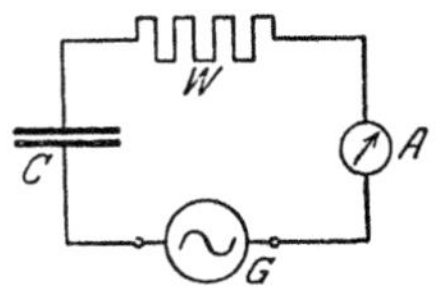

Abb. 23. Ohmscher Widerstand und Kapazität in Reihe geschaltet.

Der Strom eilt hier der Spannung um den Phasenwinkel φ vorauf, d. h. er erreicht seine Höchst- und Nullwerte $\frac{\varphi T}{2\pi}$ Sekunden früher als die Spannung.

Der Ausdruck $R = \sqrt{W^2 + \frac{1}{\omega^2 C^2}}$ heißt wieder **Impedanz** des Wechselstromkreises.

Verschwindet W gegen $\frac{1}{\omega C}$, so nimmt (61) die Form an

$$I_t = \omega C \cdot E_0 \cos \omega t. \tag{63}$$

Dieser Fall liegt vor, wenn die beiden Pole einer Wechselstromquelle durch einen Kondensator verbunden werden.

Beispiel: Wie groß ist der Wechselstromwiderstand eines Blockkondensators von 200 cm Kapazität bei der Frequenz 100000?

Es ist
$$W = \frac{9 \cdot 10^{11}}{2\pi \cdot 10^5 \cdot 2 \cdot 10^2} = 7200\ \Omega.$$

Kondensatoren bieten dem Wechselstrom einen um so geringeren Widerstand, je größer ihre Kapazität und die Frequenz des Wechselstromes ist. Bei Hochfrequenz (n sehr groß) ist der Wechselstromwiderstand des Kondensators $R_C = \frac{1}{\omega C}$. Dieser Wert heißt **Reaktanz**.

c) Enthält der Wechselstromkreis Ohmschen Widerstand, Selbstinduktion und Kapazität, die sämtlich in Reihe geschaltet sind, so hat bei einer Klemmenspannung $E_t = E_0 \sin \omega t$ der Strom die Form

$$I_t = I_0 \sin(\omega t - \varphi), \tag{64}$$

wo

$$E_0 = I_0 \sqrt{W^2 + \left(\omega L - \frac{1}{\omega C}\right)^2} \tag{65}$$

und

$$\operatorname{tg} \varphi = \frac{\omega L - \frac{1}{\omega C}}{W} \tag{66}$$

I_0 erreicht den höchsten Wert, wenn

$$\omega L = \frac{1}{\omega C} \tag{67}$$

(Resonanz).

d) Liegt der Kondensator im Nebenschluß zu einer Spule, die Ohmschen Widerstand und Selbstinduktion enthält (Abb. 24), so gelten die Formeln

$$E_0 = I_0 \sqrt{\frac{W^2 + \omega^2 L^2}{\omega^2 C^2 \left[W^2 + \left(\omega L - \frac{1}{\omega C}\right)^2\right]}} \tag{68}$$

$$\operatorname{tg} \varphi = \frac{\omega}{W} [L - C(W^2 + \omega^2 L^2)] \tag{69}$$

Im Falle der Resonanz $\left(\omega L = \frac{1}{\omega C}\right)$ nimmt hier bei kleinem Ohmschem Widerstande der Wechselstromwiderstand sehr hohe Werte an, so daß sich diese Schaltung sehr gut als Sperrkreis verwenden läßt (man vgl. S. 61).

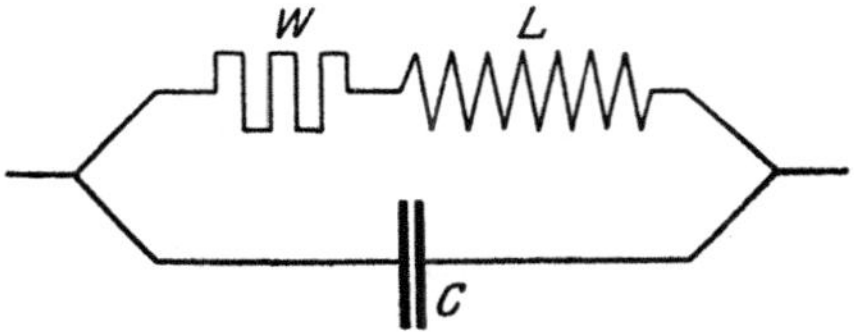

Abb. 24. Kondensator im Nebenschluß zu einer Spule, die Ohmschen Widerstand und einen Selbstinduktionskoeffizienten besitzt.

Als Meßinstrumente für Wechselstrom kommen in der Hauptsache in Frage Hitzdrahtinstrumente, Weicheiseninstrumente und Elektrodynamometer, also Meßinstrumente, bei denen die Ausschläge Funktionen des Quadrates der Stromstärke sind. Angezeigt werden die sogenannten Effektivwerte, das sind die quadratischen Mittelwerte. Für die Effektivwerte der Spannung und Stromstärke gelten die Beziehungen

$$I_{\text{eff}} = \frac{I_0}{\sqrt{2}} = 0{,}707 \cdot I_0, \tag{70}$$

$$E_{\text{eff}} = \frac{E_0}{\sqrt{2}} = 0{,}707 \cdot E_0, \tag{71}$$

wo I_0 und E_0 die Scheitelwerte der Stromstärke und der Spannung sind.

Die Arbeitsleistung während einer Periode T ist

$$A = \frac{E_0 \cdot I_0}{2} T \cdot \cos \varphi. \tag{72}$$

Beispiel: Bei einer Scheitelspannung von 220 Volt beträgt daher die Effektivspannung 156 Volt. Für einen Leistungsfaktor $\cos\varphi = 0{,}8$ ergibt sich bei einer Stromstärke von 2 Amp. effektiv und einer Effektivspannung von 156 Volt eine Leistung von 250 Watt.

Die Ermittelung von Ohmschen Widerständen, Selbstinduktionskoeffizienten und Kapazitäten geschieht entweder durch Berechnung aus den Dimensionen oder Materialkonstanten der Leiter oder indirekt mit Hilfe der Gleichungen (57) bis (69), indem man den Gleichstromwiderstand und bei bekannter Frequenz den Wechselstromwiderstand ermittelt, oder durch Vergleichen mit einem bekannten Widerstand auf Grund einer Nullmethode (Wheatstonesche Brücke. Über letztere vgl. Spreen: Die physikalischen Grundlagen der Radiotechnik. Berlin: Julius Springer.).

F. Elektrische Schwingungen.

Ein elektrischer Schwingungskreis ist ein Selbstinduktion und Kapazität enthaltendes Leitersystem, das geschlossen oder offen sein kann (geschlossener oder offener Schwingungskreis) (Abb. 25).

T = Periode oder Dauer der Schwingungen,

$\nu = \frac{1}{T}$ = Anzahl der Schwingungen oder Frequenz,

L = Selbstinduktionskoeffizient in Henry,

C = Kapazität in Farad.

W = Ohmscher Widerstand[1]).

Der Stromverlauf im Schwingungskreis erfolgt:

[1]) Da mit zunehmender Frequenz der Strom mehr und mehr das Innere der Leiter verläßt und sich auf deren Oberfläche ausbreitet (Skineffekt), ist der Ohmsche Widerstand eines Leiters auch von der Frequenz des Wechselstromes abhängig. Wir haben also streng genommen zu unterscheiden zwischen dem Ohmschen Widerstand für Gleichstrom und für Wechselstrom; der letztere ist immer größer als der erstere, und man darf daher in der Hochfrequenztechnik nicht ohne weiteres für W die auf S. 10 errechneten Werte setzen.

$$\left.\begin{array}{l} 1.\ \text{aperiodisch, wenn } W > 2\sqrt{\frac{L}{C}}, \\ 2.\ \text{oszillatorisch, wenn } W < 2\sqrt{\frac{L}{C}}, \\ 3.\ \text{gerade noch aperiodisch, wenn } W = 2\sqrt{\frac{L}{C}}. \end{array}\right\} \quad (73)$$

Bezeichnet I_0 den Höchstwert des Stromes bei Beginn der Entladung (Anfangsscheitelwert), so gilt

$$I_t = I_0 \cdot e^{-\frac{W}{2L}t} \sin \omega t \quad (74)$$

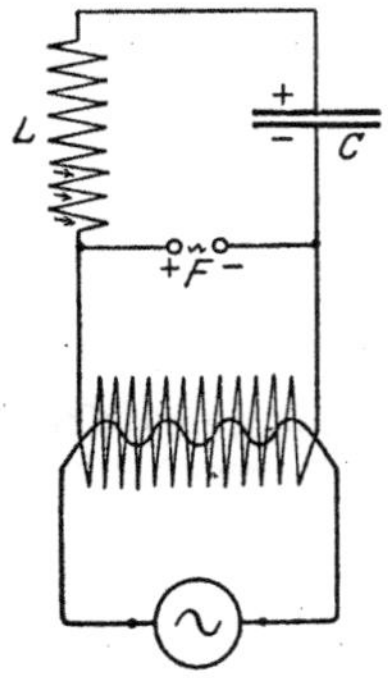

Abb. 25. Schwingungskreis mit Erregung.

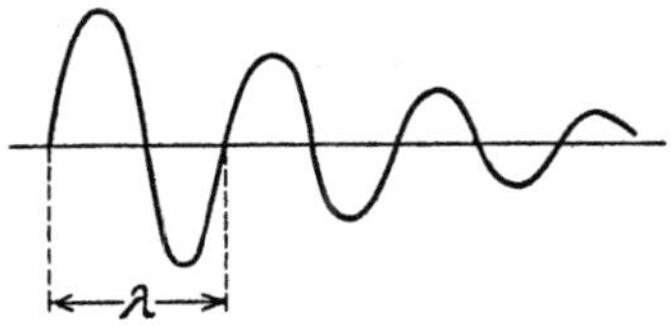

Abb. 26. Gedämpfte Schwingung.

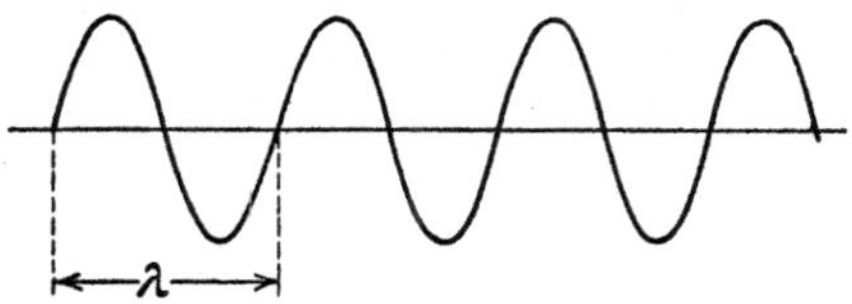

Abb. 27. Ungedämpfte Schwingung.

Die Schwingungen sind gedämpft (Abb. 26) oder ungedämpft (Abb. 27), für ungedämpfte freie Schwingungen ist $W = 0$, in diesem Falle nimmt Gleichung (74) die Form an

$$I_t = I_0 \cdot \sin wt. \quad (74\,\text{a})$$

Die Periode T der Schwingungen ergibt sich aus der Kirchhoff-Thomsonschen Formel

$$T = 2\pi\sqrt{L \cdot C}\sqrt{1 + CL\left(\frac{W}{2L}\right)^2}. \quad (75)$$

Da die letzte Wurzel nur wenig von 1 verschieden ist, ist mit großer Annäherung

$$T = 2\pi\sqrt{L \cdot C} \quad (76)$$

$$\nu = \frac{1}{T} = \frac{1}{2\pi\sqrt{L \cdot C}}. \quad (77)$$

Die Fortpflanzungsgeschwindigkeit der elektrischen Wellen ist

$$c = 300000 \frac{\mathrm{km}}{\mathrm{sec}} = 3 \cdot 10^{10} \frac{\mathrm{cm}}{\mathrm{sec}}.$$

Die Wellenlänge λ in cm ergibt sich nach der Gleichung

$$\begin{aligned} \lambda_{\mathrm{cm}} &= c \cdot T = 3 \cdot 10^{10} \cdot T \\ &= 3 \cdot 10^{10} \cdot 2\pi \sqrt{C \cdot L} \qquad (78) \\ &= 2\pi \sqrt{L_{\mathrm{cm}} \cdot C_{\mathrm{cm}}}. \end{aligned}$$

L_{cm} und C_{cm} sind die Maßzahlen für den Selbstinduktionskoeffizienten und die Kapazität in cm.

Für die meisten technischen Zwecke genau genug ist die Formel

$$\lambda_{\mathrm{m}} = \frac{\sqrt{L_{\mathrm{cm}} \cdot C_{\mathrm{cm}}}}{16}. \qquad (79)$$

Hier wird die Wellenlänge in m angegeben.

Beispiel: Es soll aufgenommen werden Hamburg mit Welle 392 m, der zur Verfügung stehende Kondensator hat die Kapazität $C = 200$ cm, Wie groß ist die Selbstinduktion zu wählen?

$$L_{\mathrm{cm}} = \frac{(39200)^2}{4\pi^2 C_{\mathrm{cm}}} = 1{,}94 \cdot 10^5.$$

Diese Selbstinduktion hat eine Honigwabenspule von etwa 60 Windungen.

Zwischen ν und λ_{cm} besteht die Beziehung

$$\nu = \frac{3 \cdot 10^{10}}{\lambda_{\mathrm{cm}}}. \qquad (77\,\mathrm{a})$$

Zur Umrechnung der Wellenlänge λ in die Schwingungszahlen ν und dieser in die Kreisfrequenzen $\omega = 2\pi\nu$ ist die Tafel (Abb. 28) gut geeignet. An einer senkrechten Geraden stehen an einer Seite die Wellenlängen, an der anderen die zugehörigen Frequenzen ν verzeichnet; ebenso liest man an der zweiten Geraden an der einen Seite die Werte für ν, auf der anderen für $2\pi\nu$ ab. Das Gleiche gilt für die beiden übrigen Geraden.

Beispiel: So gehört zu $\lambda = 300$ m der Wert $\nu = 10^6$ und für diesen ist $\omega = 6{,}3\ 10^6$.

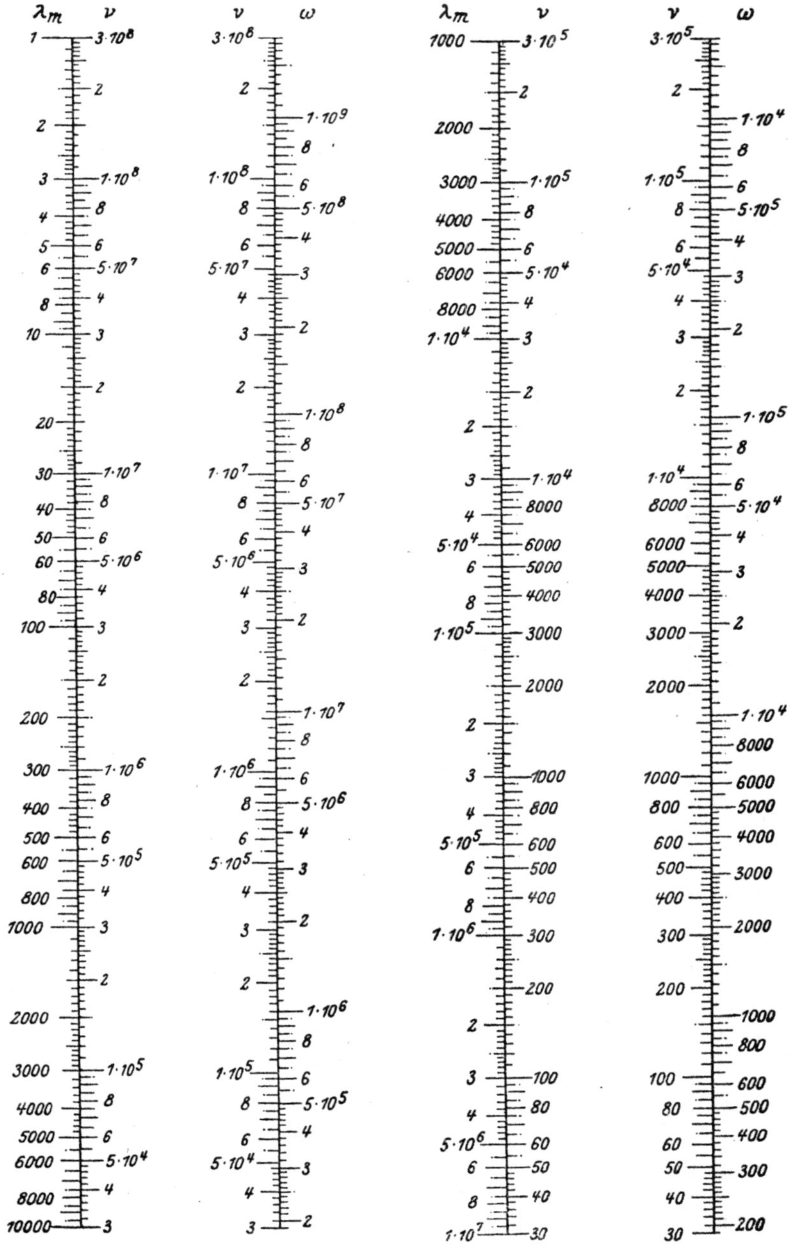

Abb. 28. Tafel zur Umrechnung von λ, ν und ω.

Formel (76) dient zur Berechnung einer der drei Größen λ, L und C, wenn zwei von ihnen gegeben sind. Zur schnellen angenäherten Ermittelung der drei Größen dienen besondere Tabellen, graphische Darstellungen oder nomographische Tafeln.

In der Tabelle 9 sind über den Spalten die Kapazitäten in cm, vor den Zeilen die Selbstinduktionskoeffizienten ebenfalls in cm angegeben. Die zugehörigen Wellenlängen findet man da, wo die betreffenden Zeilen und Spalten sich kreuzen.

Tabelle 9.

Tabelle der Wellenlängen in Abhängigkeit von Kapazitäten und Selbstinduktionskoeffizienten.

L_{cm}	C_{cm} 90	C_{cm} 180	C_{cm} 270	C_{cm} 360	C_{cm} 450	C_{cm} 540	C_{cm} 630	C_{cm} 720	C_{cm} 810	C_{cm} 900
1000	19	27	33	38	42	46	50	53	57	60
2000	27	38	46	53	60	65	71	75	80	84
3000	33	46	57	65	73	80	86	92	98	103
4000	38	53	65	75	84	92	100	107	113	119
5000	42	60	73	84	94	103	112	119	126	133
6000	56	65	80	92	103	113	122	131	139	146
7000	50	71	86	100	112	122	132	141	150	158
8000	53	75	92	107	119	131	141	151	160	169
9000	57	80	98	113	126	139	150	160	170	179
10000	60	84	103	119	133	146	158	169	179	188
12000	65	92	113	131	146	160	173	185	196	206
14000	71	100	122	141	158	173	187	199	112	223
16000	75	107	131	151	169	185	199	213	226	238
18000	80	113	139	160	179	196	212	226	240	253
20000	84	119	146	169	188	206	223	238	253	267
25000	94	133	163	188	211	231	249	267	283	298
30000	103	146	179	206	231	253	273	292	310	326
40000	119	169	206	238	267	292	315	337	358	377
50000	133	188	231	267	298	326	353	377	400	421
60000	146	206	253	292	326	358	386	413	438	462
70000	154	223	273	315	353	386	417	446	473	499
80000	169	238	292	337	377	413	446	477	506	533
90000	179	253	310	358	400	438	473	506	536	565
100000	188	267	326	377	421	462	499	533	565	596
120000	206	292	358	413	462	506	546	584	619	653
140000	223	315	386	446	499	546	590	631	669	705
160000	238	337	413	477	533	584	631	674	715	754
180000	253	358	438	506	565	619	669	715	759	800
200000	267	377	462	533	596	653	705	754	800	843
250000	298	421	516	596	666	730	789	843	894	942
300000	326	462	566	653	730	800	864	923	979	1032
400000	377	533	653	754	843	923	997	1066	1131	1192
500000	421	596	730	843	942	1032	1115	1192	1264	1333

Tabelle 9 Fortsetzung.

L_{cm}	C_{cm} 90	C_{cm} 180	C_{cm} 270	C_{cm} 360	C_{cm} 450	C_{cm} 540	C_{cm} 630	C_{cm} 720	C_{cm} 810	C_{cm} 900
600000	462	653	800	923	1032	1131	1221	1306	1385	1460
700000	499	705	864	977	1115	1221	1320	1410	1496	1577
800000	533	754	920	1066	1192	1306	1410	1509	1599	1686
900000	565	800	979	1131	1264	1385	1446	1599	1696	1788
1000000	596	843	1032	1192	1333	1460	1577	1686	1788	1885
1200000	653	923	1131	1306	1460	1599	1727	1846	1959	2065
1400000	705	997	1221	1410	1577	1727	1886	1995	2160	2230
1600000	754	1066	1306	1509	1686	1846	1995	2133	2262	2384
1800000	800	1131	1385	1599	1788	1959	2116	2262	2399	2529
2000000	843	1192	1460	1686	1885	2065	2230	2384	2529	2665
2500000	942	1333	1632	1825	2108	2308	2493	2665	2827	2980
3000000	1032	1460	1788	2065	2308	2529	2732	2920	3097	3264
4000000	1192	1686	2065	2384	2665	2920	3154	3372	3576	3770
5000000	1333	1885	2308	2665	2980	3264	3526	3770	4000	4214
6000000	1460	2065	2529	2920	3264	3578	3863	4129	4379	4677
7000000	1577	2230	2732	3154	3526	3863	4172	4460	4731	4987
8000000	1686	2364	2920	3372	3770	4129	4460	4768	5057	5331
9000000	1788	2529	3097	3576	3998	4379	4731	5057	5364	5654
10000000	1885	2665	3264	3770	4294	4617	4987	5331	5654	5960
12000000	2065	2920	3576	4129	4617	5057	5462	5840	6192	6529
14000000	2230	3154	3863	4460	4987	5462	5900	6306	6693	7052
16000000	2384	3372	4129	4768	5331	5840	6306	6741	7152	7539
18000000	2529	3576	4379	5057	5654	6192	6693	7152	7587	7996
20000000	2665	3770	4617	5331	5960	6529	7052	7539	7996	8429
25000000	2980	4214	5161	5960	6663	7299	7885	8429	8940	9423
30000000	3264	4617	5659	6529	7299	7996	8637	9233	9794	10320
40000000	3770	5331	6529	7539	8429	9233	9973	10660	11310	11920
50000000	4214	5996	7299	8429	9423	10320	11150	11920	12640	13330
60000000	4617	6529	7996	9233	10320	11310	12210	13060	13850	14600

Beispiel: Kapazität 180 cm, Selbstinduktionskoeffizient 200000 cm. Wie groß ist die Wellenlänge?

Man suche in der Spalte links die Zahl 200000 auf und gehe in der betreffenden Zeile bis zur Spalte 180 (Spalte 3) nach rechts. Die Zahl, die man dann erhält (hier 377) ist die Wellenlänge.

Beispiel: Mit einem Kondensator von 270 cm soll eine Station, die mit Welle 600 m gibt, aufgenommen werden. Welche Selbstinduktion ist zu wählen?

Man gehe in der Spalte, über der die Kapazität 270 angegeben ist (Spalte 4), bis zu der angegebenen Wellenlänge nach unten und lese dann in der ersten Spalte den Selbstinduktionskoeffizienten ab. Da in unserem Beispiel — und das wird im allgemeinen der Fall sein — die Wellenlänge 600 in der in Frage kommenden Spalte nicht angegeben ist, so nimmt man die beiden dort angegebenen, zwischen denen 600 liegt, und interpoliert wie bei den Logarithmen. Da zu $\lambda = 566$ der Selbstinduktionskoeffizient 300000 cm und zu $\lambda = 653$ der Selbstinduktionskoeffizient 400000 cm gehört, ist der Selbstinduktionskoeffizient 300000 cm $+ \frac{600-566}{653-566}(400000-300000)$ cm $= 3{,}4 \cdot 10^5$ cm.

Demselben Zweck dient die noch übersichtlichere Tafel (Abb. 29). Auf Logarithmenpapier, auf dem die Kurven

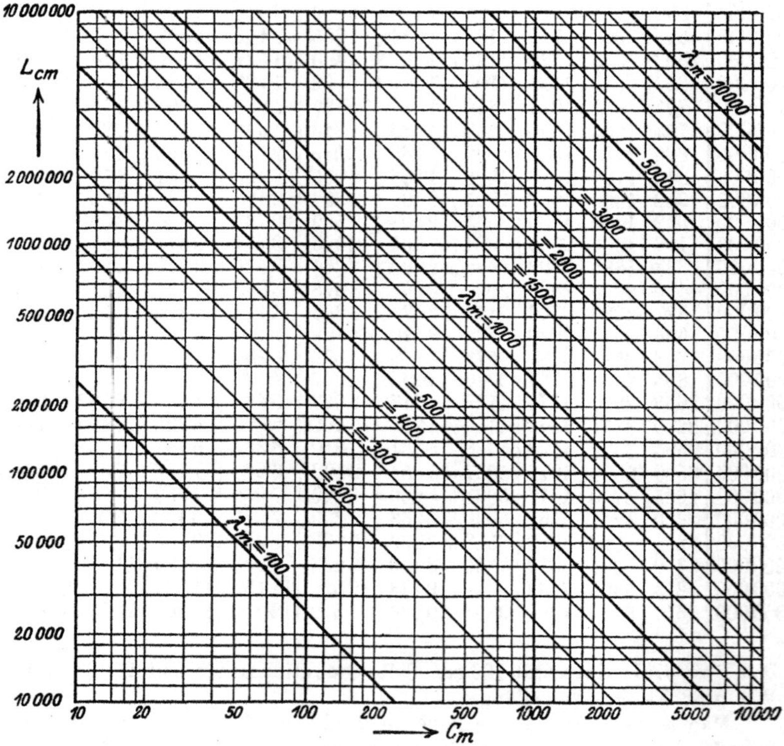

Abb. 29. Wellenlänge, Selbstinduktionskoeffizient und Kapazität.

$\lambda =$ const. Gerade ergeben, sind als Abszissen die Kapazitäten und als Ordinaten die Selbstinduktionskoeffizienten aufgetragen. Die Tafel gewährt auch gleich einen Überblick darüber, welche Wellenlängen bei fester Selbstinduktion durch einen Kondensator, dessen Anfangs- und Endkapazität bekannt sind, bestrichen werden können, und wie dieselbe Wellenlänge durch verschiedene Kombinationen von Kapazität und Selbstinduktion zu bekommen ist.

Beispiel: Man bestätige die Werte der vorigen Beispiele an der Hand der Tafel.

Bequem zu handhaben sind auch die nomographischen Tafeln (Abb. 30). Die auf den parallelen Geraden markierten Zahlen bedeuten der Reihe nach Selbstinduktionskoeffizienten in cm, Wellenlängen in m und Kapazitäten in cm und sind so angeordnet, daß die zusammengehörigen Werte jedesmal auf einer Geraden liegen.

Beispiel: Gegeben sind der Selbstinduktionskoeffizient 10^6 cm und die Kapazität des Kondensators 10^3 cm, und man will die Wellenlänge ermitteln, die man bei dem gegebenen Selbstinduktionskoeffizienten und der Kapazität erhält.

Man verbindet 10^6 auf der linken Geraden mit 10^3 auf der rechten (s. Abb. 30) und liest auf der mittleren Geraden die Wellenlänge ab.

Da der Wechselstromwiderstand einer Induktionsspule und eines Kondensators auch von der Frequenz abhängig ist und daher bei Hochfrequenz besonders ins Gewicht fällt und viel wesentlicher ist als der reine Ohmsche Widerstand, formt man die Formeln (60) und (63) für die Induktanz und Reaktanz meistens so um, daß für die Frequenz die Wellenlänge auftritt. Wir erhalten dann, wenn λ_{m} die Wellenlänge in m, L_{cm} den Selbstinduktionskoeffizienten in cm und C_{cm} die Kapazität ebenfalls in cm bedeuten, für die Induktanz

$$W_L = \omega L = 1{,}885 \frac{L_{\mathrm{cm}}}{\lambda_{\mathrm{m}}} \tag{60a}$$

und für die Reaktanz

$$W_C = \frac{1}{\omega C} = 477{,}4 \frac{\lambda_{\mathrm{m}}}{C_{\mathrm{cm}}}. \qquad 63\,\mathrm{a})$$

Zur raschen Ermittelung eines dieser Werte, wenn die beiden anderen gegeben sind, dient Abb. 31, in der die Selbstinduktionskoeffizienten und Kapazitäten als Abszissen (wagerecht), die Ohmschen Widerstände als Ordinaten (senkrecht) und die Wellenlängen an den Geradenscharen abgelesen werden, und zwar gilt für die Bestimmung der Induktanz die von links unten nach rechts oben gehende Geradenschar, für die Bestimmung der Reaktanz die andere.

Beispiel: Wie groß ist der Hochfrequenzwiderstand einer Spule mit dem Selbstinduktionskoeffizienten $2{,}5 \cdot 16^6$ cm für eine Wellenlänge von 600 m?

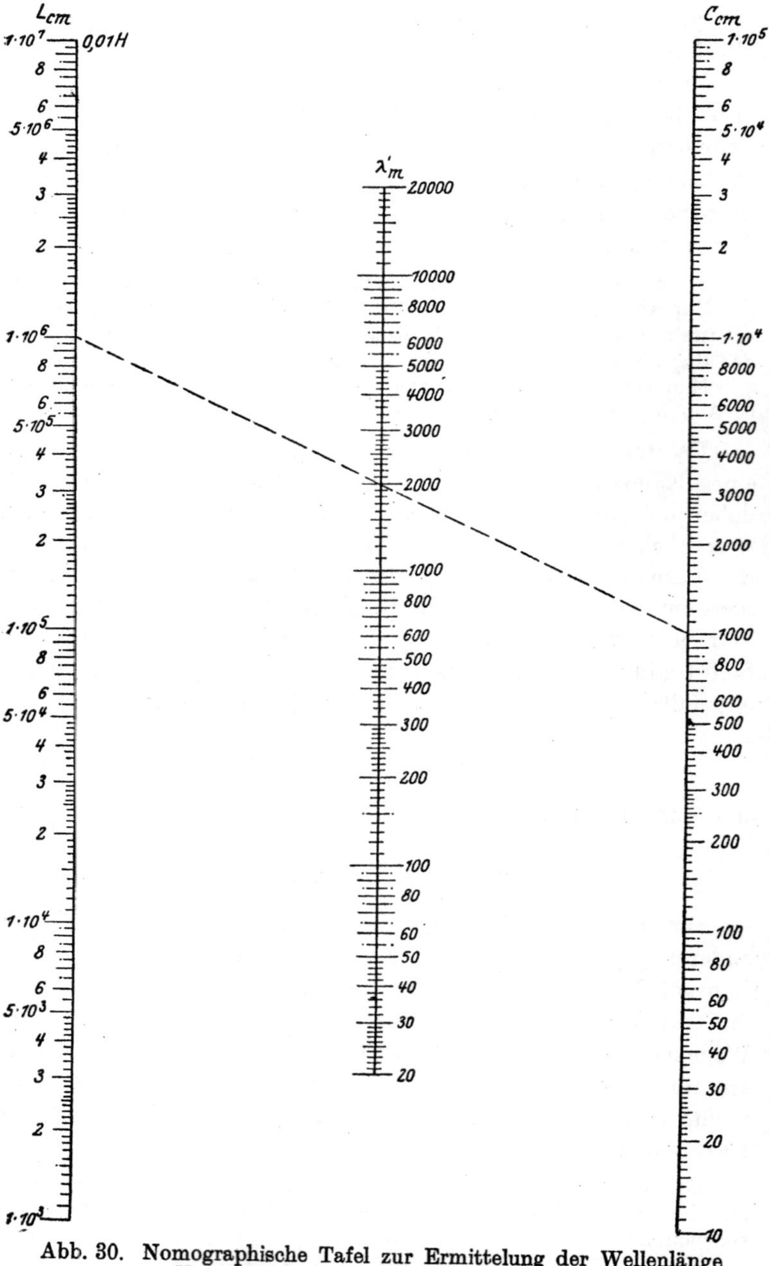

Abb. 30. Nomographische Tafel zur Ermittelung der Wellenlänge aus Kapazität und Selbstinduktionskoeffizienten.

Man sucht unten die Zahl 2500000 auf und geht senkrecht nach oben bis zu der Geraden für die Wellenlänge 600 m und kann dann links den Widerstand (hier etwa 7400 Ohm) ablesen.

Beispiel: Es soll der Hochfrequenzwiderstand eines Blockkondensators von 2000 cm für dieselbe Wellenlänge (600 m) ermittelt werden.

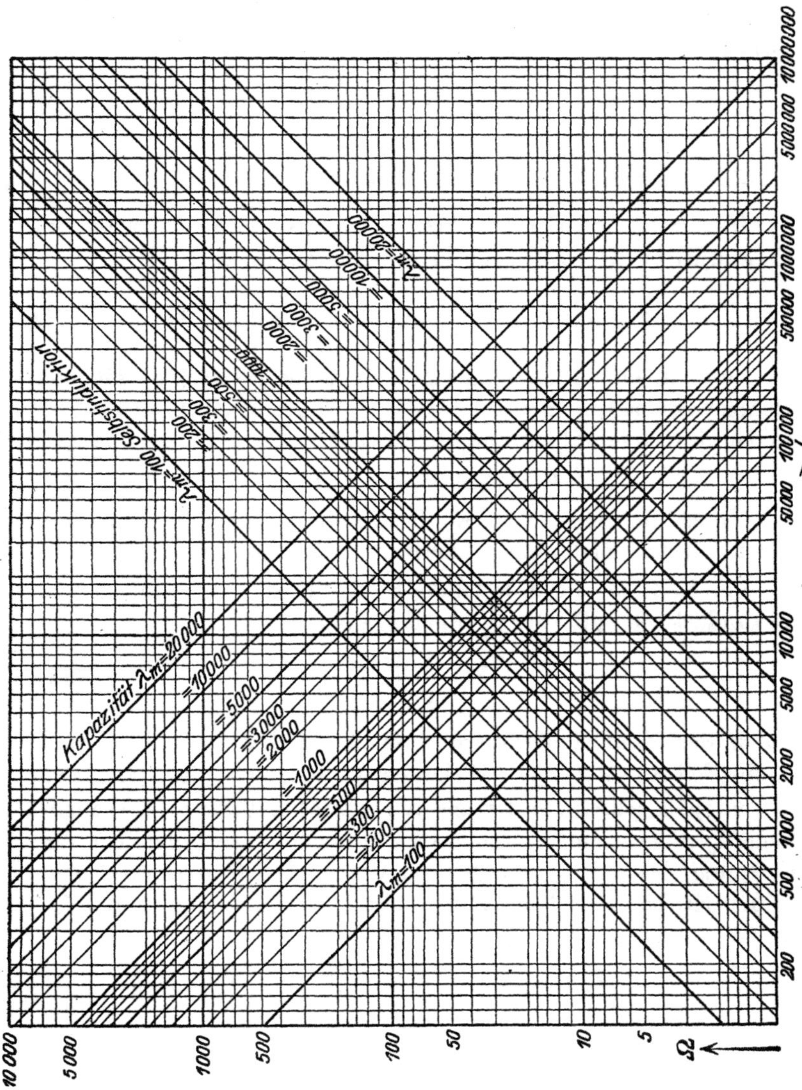

Abb. 31. Tafel zur Bestimmung induktiver und kapazitiver Hochfrequenzwiderstände.

Wieder geht man von der die Kapazität bezeichnenden Zahl 2000 (unten) aus und dann senkrecht nach oben bis zu der Geraden für $\lambda_m = 600$ m und liest dann links wieder den Widerstand (etwa 130 Ohm) ab.

Unter der Dämpfung versteht man die Ursache des Amplitudenabfalls im Schwingungsverlauf; das Dämpfungsverhältnis, das wir mit q bezeichnen wollen, ist das Verhältnis zweier aufeinander folgender Amplituden

$$q = \frac{I_t}{I_{T+t}} = e^{\frac{W}{2L}T}. \tag{80}$$

Der Quotient $\frac{W}{2L} = \mathfrak{d}$ heißt Dämpfungsfaktor.

Der nat. Logarithmus von q wird als logarithmisches Dekrement der Dämpfung bezeichnet, es ist

$$\vartheta = \log \operatorname{nat} q = \frac{W}{2L} T = \mathfrak{d} \cdot T = \pi W \sqrt{\frac{C}{L}}. \tag{81}$$

Sind in einem Schwingungskreis mehrere Geräte mit den Dämpfungsdekrementen $\vartheta_1, \vartheta_2, \cdots, \vartheta_n$ hintereinander geschaltet, so ist das Gesamtdämpfungsdekrement

$$\vartheta = \vartheta_1 + \vartheta_2 + \cdots + \vartheta_n. \tag{82}$$

(Über die experimentelle Bestimmung der Dämpfung vgl. Rein-Wirtz: Radiotelegraphisches Praktikum.)

Als Maß für die Koppelung eines Primärkreises mit einem Sekundärkreise gilt der Koppelungsfaktor

$$k = \frac{M}{\sqrt{L_1 \cdot L_2}}, \tag{83}$$

wo M der Koeffizient der gegenseitigen Induktion und L_1 und L_2 die Selbstinduktionskoeffizienten der beiden Spulen. (s. S. 22.)

Koppelt man zwei Kreise, die vorher auf dieselbe Wellenlänge λ_0 abgestimmt waren, fest miteinander, so entstehen bei Erregung des Primärkreises etwa durch eine Funkenstrecke in beiden Kreisen zwei Koppelungswellen von den Längen λ_1 und λ_2. Es ist

$$\begin{aligned} \lambda_1 &= \lambda_0 \sqrt{1 - \sqrt{k^2 - \left(\frac{\vartheta_1 - \vartheta_2}{2\pi}\right)^2}} \\ \lambda_2 &= \lambda_0 \sqrt{1 + \sqrt{k^2 - \left(\frac{\vartheta_1 - \vartheta_2}{2\pi}\right)^2}}. \end{aligned} \tag{84}$$

Unter **Koppelungsgrad** k' versteht man den Ausdruck

$$k' = \sqrt{k^2 - \left(\frac{\vartheta_1 - \vartheta_2}{2\pi}\right)^2},$$

so daß auch gilt

$$\begin{aligned} \lambda_1 &= \lambda_0 \sqrt{1 - k'} \\ \lambda_2 &= \lambda_0 \sqrt{1 + k'} \end{aligned}. \qquad (85)$$

Ist die Dämpfung der beiden Kreise ungefähr gleich, so daß $\vartheta_1 - \vartheta_2$ gegen 2π verschwindet, was bei Empfängern vielfach der Fall ist, so wird $k = k'$, und es gilt

$$\begin{aligned} \lambda_1 &= \lambda_0 \sqrt{1 - k} \\ \lambda_2 &= \lambda_0 \sqrt{1 + k} \end{aligned}. \qquad (86)$$

Die beiden Koppelungswellen in jedem Kreise führen zu einer **Schwebung**. Sind ν_1 und ν_2 die Frequenzen der beiden Koppelungswellen in jedem Kreise, so ist die Frequenz der Schwebung

$$\nu_s = \nu_1 - \nu_2 \,. \qquad (87)$$

Mit großer Annäherung ist

$$\nu_s = \nu_0 \cdot k\,, \qquad (88)$$

wo ν_0 die Frequenz bezeichnet, mit der jeder der beiden Kreise für sich allein schwingen würde.

Um nur eine Koppelungswelle zu erhalten, hat man die Dämpfung des ersten Kreises so zu vergrößern, daß

$$k = \frac{\vartheta_1 - \vartheta_2}{2\pi} \qquad (89)$$

wird (Löschfunkensender).

Ebenso erhält man nur eine Koppelungswelle, wenn man k so weit verkleinert, d. h. die Koppelung so lose wählt, daß

$$k = \frac{\vartheta_1 - \vartheta_2}{2\pi}$$

wird, woraus bei gleichen Dämpfungsdekrementen die Bedingung

$$k = 0$$

wird (Resonanz).

In den Formeln für den elektrischen Schwingungskreis (75) ist vorausgesetzt, daß der Ohmsche Widerstand, die Selbstinduktion und die Kapazität in Reihe geschaltet sind. Da man aber häufig Schaltungen verwendet, in denen parallel zum Kondensator oder zur Selbstinduktionsspule ein Ohmscher Widerstand gelegt ist, so muß man, damit die Formeln (75 u. folg.) auch für diesen Fall Gültigkeit haben, Ersatzwiderstände, -kapazitäten und -selbstinduktionskoeffizienten verwenden, die man dann als hintereinander geschaltet ansieht. Sind beispielsweise Ohmscher Widerstand W und Kapazität C parallel geschaltet, so führt man als Ersatz einen Widerstand W' und eine Kapazität C' ein, die in dem Schwingungskreis hintereinander geschaltet den gleichen Effekt hervorrufen wie C und W in Parallelschaltung. Man erhält, wenn wieder ω die Frequenz bedeutet,

$$W' = W \cdot \frac{1}{1 + \omega^2 \cdot C^2 \cdot W^2} \tag{90}$$

$$C' = C + \frac{C}{\omega^2 \cdot C^2 \cdot W^2}, \tag{91}$$

so daß also der Widerstand im Schwingungskreis scheinbar verkleinert wird, wenn parallel zu ihm ein Kondensator gelegt wird, während andererseits eine scheinbare Vergrößerung der Kapazität des Kondensators eintritt.

Liegt parallel zu der Spule mit dem Selbstinduktionskoeffizienten L ein Ohmscher Widerstand W, so ergeben sich die Werte L' und W', die man statt dessen berücksichtigen muß, wenn die Verhältnisse im Schwingungskreis so sein sollen, als ob die betreffenden Schaltungselemente in Reihe geschaltet wären, nach den Formeln

$$W' = W \cdot \frac{\omega^2 L^2}{\omega^2 L^2 + W^2} \tag{92}$$

$$L' = L \cdot \frac{W^2}{\omega^2 L^2 + W^2}. \tag{93}$$

Um diesen vier Gleichungen eine gemeinsame Form zu geben, was für die weiter unten angegebene Berechnung der Größen wichtig ist, führt man statt L und C die induktiven und kapazitiven Widerstände ein, also $W_L = \omega L$ und $W_C = \frac{1}{\omega C}$ und

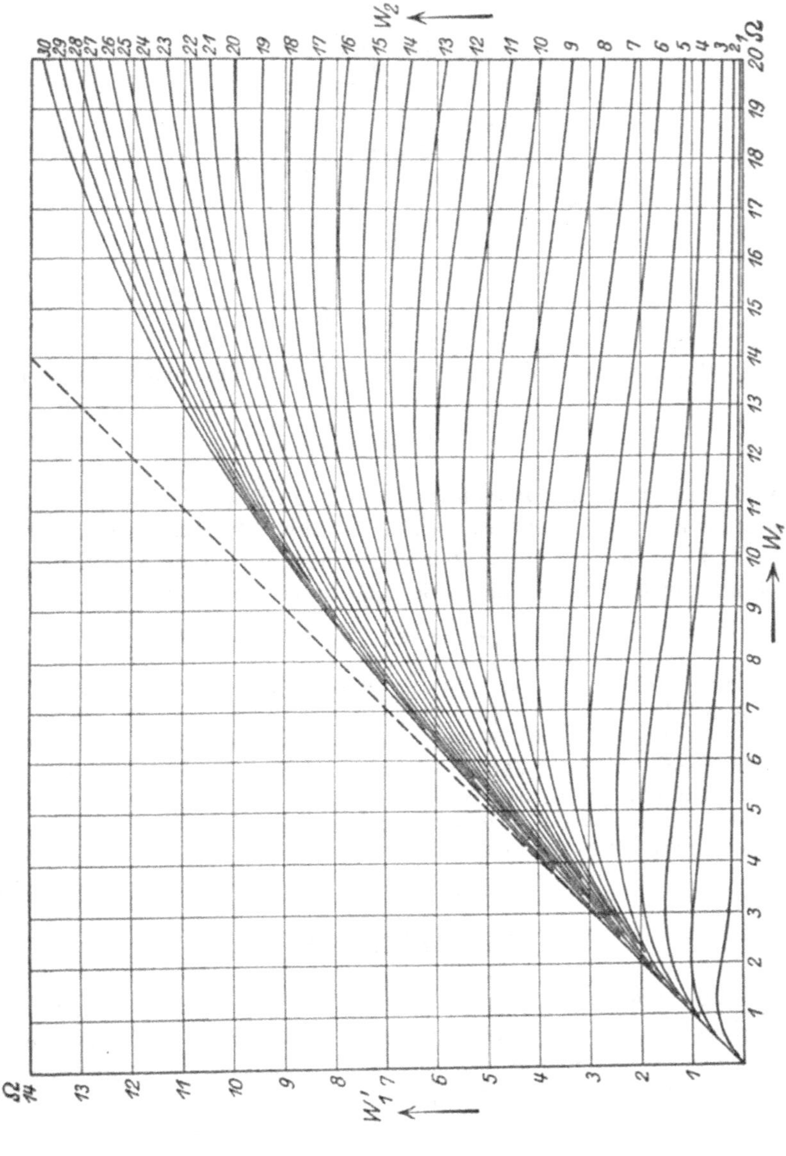

Abb. 32. Tafel zur Berechnung von Widerständen.

ebenso $W_L' = \omega L'$ und $W_C' = \frac{1}{\omega C'}$ (vgl. S. 32). Dann nehmen die Formeln die Formen an

$$W' = W \frac{W_C^2}{W_C^2 + W^2} \tag{90a}$$

$$W_C' = W_C \frac{W^2}{W^2 + W_C^2} \tag{91a}$$

$$W' = W \cdot \frac{W_L^2}{W_L^2 + W^2} \tag{92a}$$

$$W_L' = W_L \cdot \frac{W^2}{W^2 + W_L^2}. \tag{93a}$$

Jetzt erscheinen die vier Formeln unter der gemeinsamen Form

$$W_1' = W_1 \cdot \frac{W_2^2}{W_1^2 + W_2^2} \tag{94}$$

und man kann die Berechnung der sämtlichen fiktiven Widerstände an dem einen Diagramm in Abb. 32 vornehmen. Soll z. B. W' in Formel (92a) berechnet werden (Ohmscher Widerstand parallel zur Selbstinduktion), so ist zu setzen

$$W_1' = W', \quad W_1 = W, \quad W_2 = W_L = \omega L.$$

Beispiel: Es sei $L = 10000$ cm, $W = 12$ Ohm, $\lambda = 3000$ m. Zu berechnen W'.

Man ermittelt zunächst nach Abb. 31 $W_L = \omega L = 5{,}3$ Ohm. Nunmehr nehme man nach Formel (92a) und (94) $W_1 = W$, $W_2 = W_L$, sucht dann in Abb. 32 unten den Wert $W_1 = 12$ auf und gehe nach oben bis zu der Kurve $W_2 = 5{,}3$. Die Ordinate des Schnittpunktes ist dann der gesuchte Wert W. Man findet $W' = 1{,}9$ Ohm.

G. Antennen.

Wir bezeichnen die statische Kapazität, d. h. die Kapazität, die errechnet oder gemessen wird, wenn die Antenne elektrostatisch aufgeladen wird, mit C_s, ebenso den statischen Selbsinduktionskoeffizienten mit L_s.

Für einen geraden, geerdeten Draht von der Länge l und vom Durchmesser $2r$ ist

$$C_s = 2l \cdot \log \text{nat} \frac{2l}{r} \text{ cm} \quad \text{(S. 4)} \tag{95}$$

$$L_s = \frac{l}{2 \cdot \log \text{nat} \frac{2l}{r}} \text{ cm} \quad \text{(S. 27)} \tag{96}$$

Hieraus errechnet man die wirksame Kapazisät C_A und den wirksamen Selbstinduktionskoeffizienten L_A

$$C_A = \frac{c' \cdot C_s \sin \frac{2\pi\nu l}{c'}}{2\pi\nu \cdot l} \text{ cm}, \tag{97}$$

$$L_A = \frac{c' \cdot L_s \cdot \sin \frac{2\pi\nu l}{c'}}{2\pi\nu \cdot l} \text{ cm}, \tag{98}$$

wo c' die Fortpflanzungsgeschwindigkeit der Welle längs des Drahtes, l dessen Länge und ν in bekannter Weise die Frequenz bedeutet (c' und l in cm).

Für die sogenannte Eigenfrequenz, für die $\nu_0 = \frac{c'}{4l}$, werden die Formeln sehr einfach, nämlich

$$C_A = \frac{2}{\pi} C_s \tag{99}$$

$$L_A = \frac{2}{\pi} L_s. \tag{100}$$

Die Eigenwellenlänge λ_0 der Antenne, unter der hier ein senkrechter geerdeter Draht zu verstehen ist, ist in cm

$$\lambda_0 = 2\pi\sqrt{L_A \cdot C_A} = 4l. \tag{101}$$

Für ein beliebiges Luftleitergebilde ist die Eigenwellenlänge

$$\lambda_0 = f\sqrt{C_s \cdot L_s}, \tag{102}$$

wo f ein durch die Form und Ausdehnung der Antenne bestimmter Proportionalitätsfaktor ist, der zwischen 4 und 2π liegt.

Ist h gleich dem senkrechten Teile der Strombahn und l_A die Länge der Antenne, so erhält man für die längste Strombahn für L-Antennen

$$l_i = h + l_A, \tag{103}$$

für T-Antennen

$$l_i = h + \frac{l_A}{2}. \tag{104}$$

Dann ist die Eigenwellenlänge
für L-Antennen

$$\lambda_0 \sim 4{,}1 \text{ bis } 4{,}5\, l_i, \tag{105}$$

für T-Antennen

$$\lambda_0 \sim 4{,}5 \text{ bis } 7\, l_i. \tag{106}$$

Beispiel: Ist für eine L-Antenne $l_A = 40$ m, $h = 12$ m, so wird $l_i = 52$ m und $\lambda_0 \sim 225$ m.

Will man mit einer kürzeren als der Eigenwellenlänge empfangen, so wird in die Antenne ein Kondensator gelegt (Verkürzungskondensator); die Wellenlänge wird dann

$$\lambda = \beta \cdot \lambda_0, \tag{107}$$

wo β die Verkürzungszahl ($\beta < 1$).

Ebenso dient eine in die Antenne gelegte Induktionsspule der Vergrößerung der Wellenlänge; es wird

$$\lambda = \gamma \cdot \lambda_0, \tag{108}$$

wo γ die Verlängerungszahl ($\gamma > 1$).

β soll 0,7 nicht unterschreiten, dagegen läßt sich die Verlängerung ziemlich weit treiben, besonders auch dadurch, daß parallel zur Selbstinduktionsspule ein Kondensator gelegt wird.

In den folgenden Formeln spielt die „wirksame Höhe der Antenne“ h_ω eine Hauptrolle; unter diesem mehr fiktiven Wert versteht man die Länge h_w einer Ersatzantenne, die aus einem geraden geerdeten senkrechten Draht besteht, der gleichmäßig von dem am Strombauch vorhandenen Strom mit dem Scheitelwert I_0 durchflossen wird, und dieselbe Wirksamkeit zeigt wie die wirkliche Antenne, so daß

$$I_0 h_\omega = \int I\, dt.$$

Es ist

$$h_\omega = \alpha \cdot h, \tag{109}$$

wenn h die wirkliche Höhe der Antenne ist. Für T-Antennen ist $\alpha = 1$, für alle anderen zwischen 0,5 und 1.

Der Scheitelwert $\mathfrak{H}_0$ des magnetischen Feldes einer Antenne, die von einem Strom mit dem Scheitelwert I_0 (in Amp.) durchflossen wird, ist in der Entfernung R (in cm)

$$\mathfrak{H}_0 = \frac{4\pi h_{\omega_1} I_0}{10 \cdot \lambda R} \text{ Gauß}, \tag{110}$$

wenn h_{ω_1} die wirksame Höhe der Sendeantenne ist.

Die Kraftlinien dieses Feldes erzeugen in der Längeneinheit einer Empfangsantenne in der Entfernung R eine sinusförmige elektromotorische Kraft mit dem Scheitelwert

$$\overline{E}_0 = 120\pi \frac{h_{\omega_1} \cdot I_0}{\lambda \cdot R} \text{ Volt/cm}. \tag{111}$$

Hieraus berechnet man die Stärke des Empfangsstromes (Scheitelwert) nach dem Ohmschen Gesetz zu

$$\overline{I}_0 = \frac{120\pi \cdot h_{\omega_1} \cdot h_{\omega_2} \cdot I_0}{\lambda W \cdot R \sqrt{1 + \frac{\vartheta_1}{\vartheta_2}}} \text{ Amp.}, \tag{112}$$

wo die Bezeichnungen dieselbe Bedeutung haben wie in (111) und außerdem h_{w_2} die wirksame Höhe der Empfangsantenne, ϑ_1 und ϑ_2 die Dämpfungsdekremente der beiden Kreise und W den Hochfrequenzwiderstand des Empfangskreises bedeuten.

Bei Berücksichtigung der Verluste durch Absorption und Strahlung muß noch der sogenannte Streuungsfaktor zugefügt werden, und es ergibt sich

$$\overline{I}_0 = \frac{120\pi \cdot h_{\omega_1} \cdot h_{\omega_2} \cdot I_0}{\lambda \cdot W \cdot R \sqrt{1 + \frac{\vartheta_1}{\vartheta_2}}} \cdot e^{-0{,}0019 \frac{R}{\sqrt[3]{\lambda}}} \text{ Amp.} \tag{113}$$

(Sommerfeld).

Versuche von Austin und Barkhausen lieferten an Stelle der theoretischen Formel von Sommerfeld die empirische

$$\overline{I}_0 = \frac{120\pi \cdot h_{\omega_1} \cdot h_{\omega_2} \cdot I_0}{\lambda \cdot W \cdot R \sqrt{1 + \frac{\vartheta_1}{\vartheta_2}}} \cdot e^{-0{,}0015 \frac{R}{\sqrt{\lambda}}} \text{ Amp.} \tag{113a}$$

In diesen Formeln bedeutet e die Basis der natürlichen Logarithmen[1]).

[1]) Vgl. Anmerkung auf S. 4.

Die folgenden Formeln gelten für die Rahmenantenne.

Ist F die Fläche des Rahmens, $\mathfrak{H}_0$ der Scheitelwert des vom Sender erzeugten Magnetfeldes (105), φ der Winkel, den die Rahmenebene mit der Richtung nach dem Sender bildet, so wird in dem Rahmen eine elektromotorische Kraft erzeugt, deren Scheitelwert

$$E_0 = \omega \cdot F \cdot \mathfrak{H}_0 \cdot \cos\varphi \cdot 10^{-8}\,\text{Volt} = \frac{2 \cdot 3 \cdot \pi \cdot F \cdot \mathfrak{H}_0}{\lambda_m} \cos\varphi\,\text{Volt} \tag{114}$$

ist.

Wird der Rahmen durch einen Kondensator der Kapazität C auf die Welle abgestimmt, so entsteht in ihm ein Strom mit dem Scheitelwert

$$I_0 = \frac{\omega \cdot F \cdot \mathfrak{H}_0 \cdot 10^{-8}}{W}\,\text{Amp.}, \tag{115}$$

wo W den Widerstand des Stromkreises bedeutet.

Die in den Antennen fließenden Ströme sind nicht mehr quasistationär, d. h. zur selben Zeit haben nicht alle Teile des Leitergebildes denselben Stromwert. Meistens befinden sich an der Erdungsstelle die maximalen Amplituden des Stromes (Strombauch), während die Enden des Luftleiters maximale Spannungsschwankungen haben (Spannungsbauch).

H. Die Elektronenröhren.

Wir verstehen darunter ein hochevakuiertes Glasrohr, das eine Glühkathode, eine Anode und eine Steuerelektrode, ein sogenanntes Gitter, enthält. Nullpunkt sämtlicher Potentiale soll der —-Pol des Heizfadens sein.

Die Menge der aus der glühenden Kathode austretenden Elektronen ist abhängig von der Heizstromstärke, also von der Temperatur des Fadens, und von der Steuerspannung E_{st}, die sich aus der Gitterspannung E_g und einem Bruchteil der Anodenspannung $D \cdot E_a$ zusammensetzt. Sie nimmt bei zunehmender Anodenspannung bei gleichbleibender Heizstromstärke einen Sättigungswert I_s an. Tritt dieser bei der Spannung E_s ein, so bleibt bei einer Steigerung der

Steuerspannung über E_s hinaus der Strom auf dem Sättigungswert stehen. Es ist

$$I_s = a \cdot O \sqrt{T} e^{-\frac{b}{T}} \text{ (Richardsonsche Formel).} \qquad (116)$$

Hier bedeuten a und b Konstante, O ist die Oberfläche des Fadens, T die absolute Heiztemperatur, e die Basis der nat. Logarithmen.

Tabelle 10. Tabelle für a und b.

Metall	a	b
Wolfram	$2{,}36 \cdot 10^7$	52 500
Oxydfaden	$2 \cdot 10^8$	23 000
Thorium	$2 \cdot 10^7$	38 000
Molybdän	$2{,}1 \cdot 10^{10}$	50 000
Tantal	$1{,}12 \cdot 10^{10}$	50 000

Die Menge der aus dem Glühdraht austretenden Elektronen macht den Emissionstrom I_e aus, der sich zusammensetzt aus dem Gitterstrom I_g und dem Anodenstrom I_a. Es ist

$$I_e = I_g + I_a . \qquad (117)$$

Die für die Steuerung des Emissionsstroms I_e in Frage kommende Spannung E_{st} setzt sich zusammen aus der Gitterspannung E_g und einem Bruchteil der Anodenspannung E_a, so daß

$$E_{st} = E_g + D \cdot E_a . \qquad (118)$$

Die Abhängigkeit des Emissionsstroms I_e von der Steuerspannung ist durch die Formel von Schottky und Langmuir gegeben

$$I_e = k \cdot (E_g + D \cdot E_a)^{\frac{3}{2}} . \qquad (119)$$

D heißt der Durchgriff; er ist gleich dem negativen Grenzwert des Verhältnisses der Zunahme der Gitterspannung zu der Zunahme der Anodenspannung, die eintreten muß, damit der Emissionsstrom sich nicht ändert, also

$$D = -\frac{\partial E_g}{\partial E_a}_{(I_e = \text{konst.})} \qquad (120)$$

Beispiel: Mißt man also bei einer Verstärkerröhre bei 0 Volt Gitterspannung und 60 Volt Anodenspannung einen Emissionsstrom von 0,0008 Amp. und bleibt dieser Strom erhalten, wenn man mit der Gitterspannung auf $-1{,}5$ Volt herunter- und mit der Anodenspannung um 15 Volt (auf 75 Volt) heraufgeht, so beträgt der Durchgriff $D = \frac{1{,}5}{15} = 0{,}1$.

Für eine Gittervorspannung von -1 Volt und weniger ist $I_g = 0$. Im folgenden soll E_g so gewählt sein, daß ein Gitterstrom nicht fließt.

Die **Steilheit** S einer Röhre ist der Grenzwert des Verhältnisses der Zunahme des Anodenstromes zu der diese Änderung bewirkenden Zunahme der Gitterspannung bei konstanter Anodenspannung, also

$$S = \frac{\partial I_a}{\partial E_g}_{(E_a = \text{konst.})} \frac{\text{Amp.}}{\text{Volt}}. \tag{121}$$

Beispiel: Wenn bei der Röhre im vorigen Beispiel, bei der Änderung der Gitterspannung auf $-1{,}5$ Volt die Anodenspannung nicht erhöht wird, geht der Anodenstrom auf 0,00065 Amp. herunter. Wie groß ist die Steilheit?

$$S = \frac{0{,}00015}{1{,}5} \frac{\text{Amp.}}{\text{Volt}}$$

$$= 10^{-4} \frac{\text{Amp.}}{\text{Volt}}.$$

Unter dem **inneren Widerstande** R_i einer Röhre versteht man den Grenzwert des Verhältnisses der Änderung der Anodenspannung zu der dadurch bei konstanter Gitterspannung bedingten Änderung des Anodenstromes

$$R_i = \frac{\partial E_a}{\partial I_a}_{(E_g = \text{konst.})} \text{Ohm}. \tag{122}$$

Beispiel: Wie groß ist der innere Widerstand der Röhre in den beiden vorigen Beispielen?

Einer Änderung der Anodenspannung um 15 Volt entspricht eine Änderung des Anodenstromes um 0,00015 Amp., und es ist

$$R_i = \frac{15}{0{,}00015} \text{Ohm}$$

$$= 10^5 \text{Ohm}.$$

D, S und R_i sind durch die Beziehung miteinander verbunden,

$$D \cdot S \cdot R_i = 1 \tag{123}$$

(**Barkhausensche** Röhrenformel).

Die Bestimmung der drei Größen geschieht entweder durch Auswertung der an der Hand von Gleichstrommessungen aufgenommenen Kennlinien (Charakteristiken) (Abb. 33) oder durch Messungen mit der Wheatstoneschen Brücke (vgl. Spreen: Die physikalischen Grundlagen. 2. Aufl. Berlin: Julius Springer 1924).

Beispiel: Man bestätige an Abb. 33 die Formel (123).

Im Dreieck ABC entspricht $AB = 1{,}8$ Volt der Änderung der Gitterspannung, $BC = 0{,}0002$ Amp. der Änderung des Anodenstromes, während die Differenz der Anodenspannung 20 Volt ist. Somit ergibt sich

$$S = 0{,}000\,11 \frac{\text{Amp.}}{\text{Volt}},$$
$$R_i = 100\,000 \text{ Ohm},$$
$$D = 0{,}09,$$

so daß $$D \cdot S \cdot R_i = 1.$$

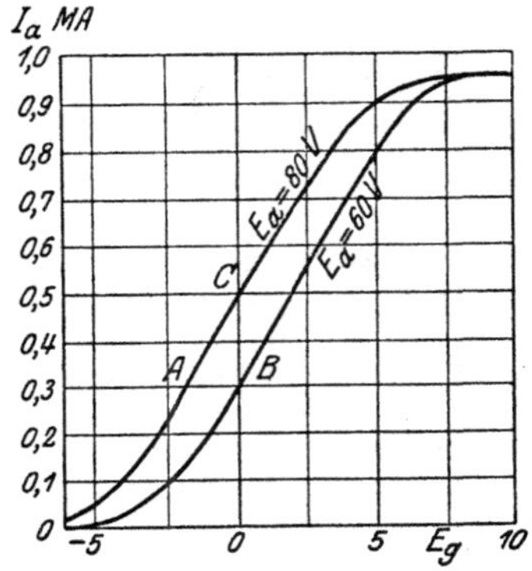

Abb. 33. Bestimmung der Größen D, S, R_i.

Tabelle 11. Betriebsdaten der VALVO-Empfängerlampen.

Type	Heiz- strom in Amp.	Heiz- spannung in Volt	Zulässige Anodenspannung in Volt	Durchgriff in %	Steilheit in mA/Volt	Innerer Widerstand in Ohm
Valvo Normal	0,45—0,5	3—3,5	20/100	11	0,2	ca. 45000
Valvo Normal B			10/80	24	0,2	„ 20000
Valvo 0-Reflex	0,25	1,5—2	20/100	22	0,2	„ 23000
Valvo Ökonom (199)	0,06—0,07	3,5—4	20/100	12	0,2	„ 40000
Valvo Lautsprecher 201 A	0,25	5—5,5	10/100	17	0,85	„ 6900

Unter dem inneren Gitterwiderstand R_g versteht man analog den Differentialquotienten $\frac{\partial E_g}{\partial I_g}$:

$$R_g = \frac{\partial E_g}{\partial I_g}_{(E_a = \text{konst.})} \text{ Ohm.} \tag{124}$$

Tabelle 12. Betriebsdaten der Telefunken-Empfängerlampe.

	Heizfaden	Type	Emission ca. mAmp.	Heizstrom ca. Amp.	Heizspannung ca. Volt	Anodenspannung ca. Volt	Steilheit ca. mAmp./Volt	Durchgriff ca. %	Verwendung
	Wolfram	RE 58	5-15	1,0	5,0	40-100	0,3	12	A.H.N.E.
	„	RE 11	1,5-2	0,50	2,8	50-70	0,15	12	A. H. N.
	„	RE 71	1,5-2	0,50	2,8	50-70	0,15	12	A. H. N.
	„	„A“	3	0,50	3,5	30-75	0,2	10	A. H. N.
	„	„C“	3	0,50	3,0	30-75	0,2	10	A. H. N.
Sparröhren	Thorium	RE 78	5-8	0,07	2,5	40-80	0,3	12-14	A. H. N.
Sparröhren	„	RE 79	5-8	0,07	2,5	40-80	0,3	12-14	A. H. N.
Sparröhren	„	RE 83	10-15	0,2	2,5	50-100	0,4	18-22	A.H.N.E.
Sparröhren	„	RE 89	10-15	0,2	2,5	50-100	0,4	18-22	A.H.N.E.
Sparröhren	„	RE 82	5	0,07	3,0	4-12	0,3-0,6	35	A. H. N.
Sparröhren	Oxyd	RE 84 +	10-15	0,25	1,5	50-100	0,4-0,5	30	A. N. E.
Sparröhren	„	RE 88 +	10-15	0,25	1,5	50-100	0,4-0,5	30	A. N. E.
Sparröhren	„	RE 95 +	10-15	0,25	1,5	50-100	0,4-0,5	30	A. N. E.
Sparröhren	„	RE 86 +	5-10	0,25	1,5	50-100	0,4-0,5	7-8	A. H. N.
Sparröhren	„	RE 96 +	5-10	0,25	1,5	50-100	0,4-0,5	7-8	A. H. N.

+ Bei den Oxydfadenröhren kann die Emission nur annähernd angegeben werden.

A. = Audion. H. = Hochfrequenzverstärkung. N. = Niederfrequenzverstärkung. E. = Endröhre.

Enthält der Anodenkreis einen Widerstand R_a, so entspricht einer Änderung der Gitterspannung um den Betrag dE_g eine Änderung des Anodenstromes um

$$dI_a = \frac{S}{1 + \frac{R_a}{R_i}} dE_g. \tag{125}$$

Wird dem Gitter eine Wechselspannung $\overline{E}_g$ (Scheitelwert)[1]) zugeführt, so überlagert sich dem Anodenstrom ein Wechselstrom $\overline{I}_a$, der mit ihr durch die Beziehung

$$\frac{\overline{E}_g}{D} = \overline{I}_a (R_i + R_a) \tag{126}$$

verbunden ist, d. h. die Röhre arbeitet in bezug auf diesen Wechselstrom wie ein Generator mit der elektromotorischen

[1]) Die überstrichenen Symbole bedeuten im folgenden die Scheitelwerte.

Kraft $\frac{\overline{E}_g}{D}$ und dem inneren Widerstande R_i, der einen äußeren Widerstand R_a zu überwinden hat.

Die **Leistung** N_a im Anodenkreis erreicht bei induktionsfreier Belastung einen Höchstwert, wenn der äußere Widerstand gleich dem inneren, wenn also $R_i = R_a$ wird.

Beispiel: Demnach müßte der Wechselstromwiderstand eines im Anodenkreis liegenden Hörers bei einem inneren Widerstand von 60 000 Ohm auch auf 60 000 Ohm gesteigert werden, um maximale Leistungen zu erzielen (s. Tabelle 13); das ist aber im allgemeinen nicht erreichbar.

Es ist

$$N_{a_{max}} = \frac{\overline{E}_g^2}{8 D^2 R_i}. \tag{127}$$

Den durch einen Hörer oder Transformator im Anodenkreis erzielten Wirkungsgrad beurteilt man nach dem Verhältnis der erhaltenen Leistung zur maximalen, also nach dem Quotienten

$$\frac{N_a}{N_{a_{max}}} = \frac{4 R_i \cdot R_a}{(R_i + R_a)^2} = \frac{4 \frac{R_a}{R_i}}{\left(1 + \frac{R_a}{R_i}\right)^2}. \tag{128}$$

Dieser Bruch nimmt einen Höchstwert an, die Ausnutzung ist also am günstigsten, wenn $R_a = R_i$. Die folgende Tabelle zeigt, daß der Wirkungsgrad erst erheblich kleiner als 1 wird, wenn R_a stark von R_i abweicht.

Tabelle 13. **Abhängigkeit der erzielten Leistung von dem Verhältnis** $\frac{R_a}{R_i}$.

$\frac{R_a}{R_i}$	$\frac{N_a}{N_{a_{max}}} = \frac{4 \frac{R_a}{R_i}}{\left(1 + \frac{R_a}{R_i}\right)^2}$
1	1
1,5 oder 2/3	0,96
2 „ 1/2	0,89
3 „ 1/3	0,75
5 „ 1/5	0,55
10 „ 1/10	0,33
20 „ 1/20	0,18
40 „ 1/40	0,09
100 „ 1/100	0,04

Beispiel: Eine Audionröhre habe einen inneren Widerstand von 40000 Ohm. Die zur Verfügung stehenden Hörer besitzen einen Gleichstromwiderstand von 4000 Ohm, was einem Wirkwiderstand von 8000 Ohm entsprechen möge. Würde sich die Benutzung eines Ausgangstransformators, dessen Nutzeffekt 0,4 sei, empfehlen?

Es ist $\frac{R_a}{R_i} = 0{,}2$ und folglich nach obiger Tabelle der Wirkungsgrad $= 0{,}55$. Das Ergebnis ist mithin günstiger als bei der Benutzung des Ausgangstransformators.

Als Güte der Röhre bezeichnet man nach Barkhausen den 4fachen Betrag der maximalen Leistung, dividiert durch das Quadrat der effektiven Gitterspannung, also den Bruch $\frac{4\,N_{a\,\max}}{E_{g\,\text{eff}}^2}$. Es ist

$$G_r = \frac{4\,N_{a\,\max}}{E_{g\,\text{eff}}^2} = \frac{S}{D}. \tag{129}$$

Beispiel: Man berechne die Güte der Röhre R. E. 71 (Tabelle 12)! Es ergibt sich

$$G_r = \frac{0{,}15}{0{,}12}\,\frac{\text{mAmp.}}{\text{Volt}} = 1{,}25\,\frac{\text{mAmp.}}{\text{Volt}}.$$

Ist der äußere Widerstand ein Wechselwiderstand, so gelten die Beziehungen auch noch, wenn man die Größen vektoriell auffaßt. Für eine Röhre, in deren Anodenkreis eine Spule mit dem Selbstinduktionskoeffizienten L und dem Ohmschen Widerstand R_a liegt (Hörer, Transformatorwicklung), gilt für den Scheitelwert der dem Anodenstrom überlagerten Wechselstromkomponente

$$\bar{I}_a = \frac{\bar{E}_g}{D\sqrt{(R_i + R_a)^2 + \omega^2 L^2}}. \tag{130}$$

Dazu kommt noch die Phasenverschiebung nach (58).

Die Röhre kann als Gleichrichter, Verstärker und als Schwingungserzeuger verwandt werden.

Bei der Niederfrequenzverstärkung bezeichnet man als Verstärkungsgrad V_N die Wurzel aus dem Verhältnis der verstärkten zur unverstärkten Leistung, so daß also

$$V_N = \sqrt{\frac{N_v}{N_u}}, \tag{131}$$

wenn N_v die verstärkte, N_u die unverstärkte Leistung bedeutet.

Damit die Primärwicklung des Transformators T die größtmögliche Leistung aufnimmt, muß der Wechselstromwiderstand W_{1T} der Primärseite des Transformators gleich dem inneren Widerstand der Röhre sein, also

$$W_{1T} = R_i. \tag{132}$$

Die Sekundärseite des Transformators, die dem Gitter der nächsten Röhre die Wechselspannung $\bar{E}_g$ zuführt, ist unbelastet, wenn das Gitter eine hinreichend große negative Vorspannung erhält.

Der reziproke Wert derjenigen Leistung, die dem Transformator primär zugeführt werden muß, damit zwischen den Klemmen der Sekundärwicklung eine Spannung von einem Volt entsteht, heißt man nach Barkhausen die Güte G_T des Transformators. Es ist

$$G_T = \frac{E_{g\,\mathrm{eff}}^2}{N_{1T}}. \tag{133}$$

Falls die Bedingung $R_i = R_a$ erfüllt ist, wird der gesamte Verstärkungsgrad für einfache Verstärkung

$$V_N = \tfrac{1}{2}\sqrt{G_r \cdot G_T}. \tag{134}$$

Der Wechselstromwiderstand W_{2T} der Sekundärwicklung muß annähernd gleich dem inneren Widerstand R_g des Gitterkreises sein:

$$W_{2T} = R_g. \tag{135}$$

Für das Umsetzungsverhältnis und damit das Windungsverhältnis des Niederfrequenztransformators erhält man daher

$$u = \sqrt{\frac{W_{2T}}{W_{1T}}}. \tag{136}$$

Das führt auf den Wert $u = 10$ und zu Drahtstärken 0,05 bis 0,07 mm. Man wählt in der Praxis das Windungsverhältnis wesentlich niedriger.

Bei der Hochfrequenzverstärkung werden die Schwingungen der Antenne dem Gitter der ersten Röhre direkt zugeführt; die Übertragung auf das Gitter der nächsten Röhre geschieht dadurch, daß man im Anodenkreis durch sehr hohe Widerstände (Silitstäbe von etwa $3{,}10^5$ Ohm bei langen Wellen, Drosseln und Sperrkreise für kurze Wellen) einen Spannungsabfall erzeugt, der über einen Blockkondensator auf das Gitter der nächsten Röhre einwirkt. Der Sperrkreis, bestehend aus einer Selbstinduktionsspule mit parellelgelegtem Drehkondensator,

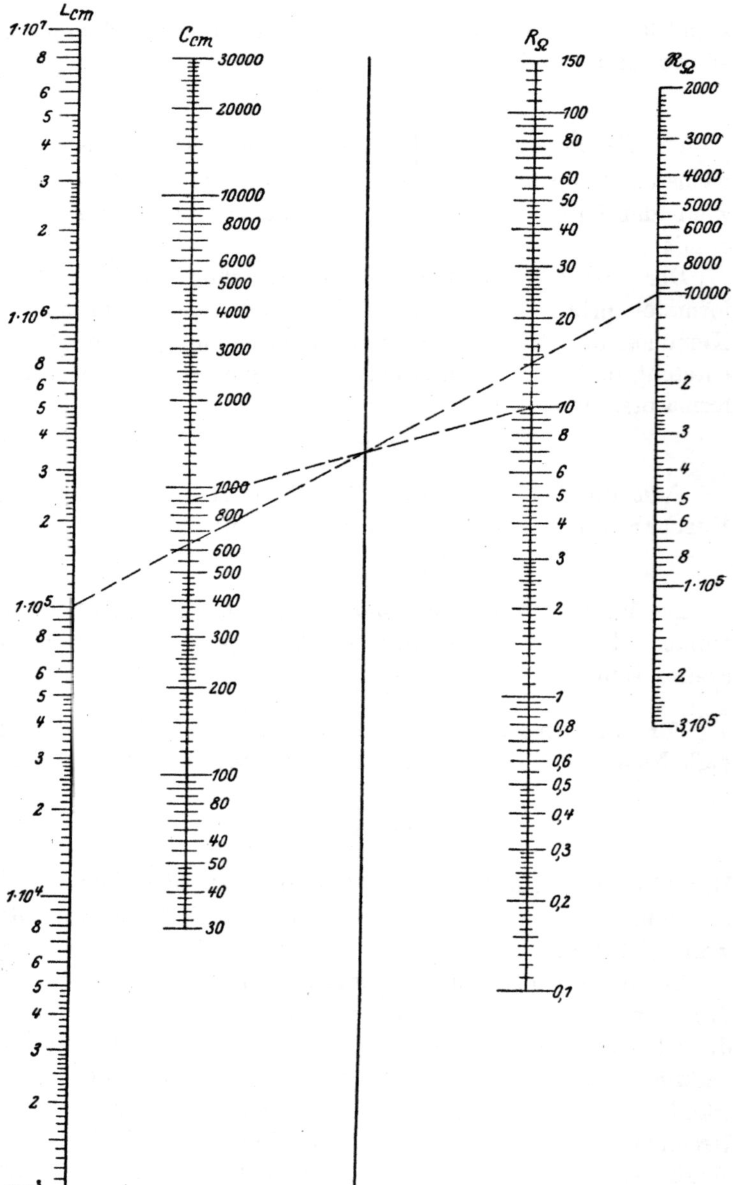

Abb. 34. Nomographische Tafel zur Berechnung von $\mathfrak{R} = \frac{L}{C \cdot R}$.

erreicht im Falle der Resonanz mit der ankommenden Welle den größten Widerstand, der sich nach der Formel

$$\mathfrak{R} = \frac{L}{C \cdot R} \tag{137}$$

berechnen läßt (vgl. auch Formel 68).

Zur Berechnung des Sperrkreiswiderstandes $\mathfrak{R}$ eignet sich die nomographische Tafel (Abb. 34) sehr gut. An der ersten Geraden sind die Selbstinduktionskoeffizienten, an der zweiten die Kapazitäten angetragen. Die folgende Gerade trägt keine Bezeichnung, während an der vierten die Ohmschen Widerstände des Sperrkreises verzeichnet sind. Der zu berechnende Hochfrequenzwiderstand des Sperrkreises ist an der letzten Geraden abzulesen. Wie die Tafel zu verwenden ist, geht aus dem folgenden Beispiel hervor.

Beispiel: Wie groß ist der Hochfrequenzwiderstand eines Sperrkreises, wenn der Selbstinduktionskoeffizient der Spule 100000 cm, die Kapazität des Kondensators 900 cm und der vorhandene Ohmsche Widerstand 10 Ohm ist?

Man sucht zunächst auf der zweiten und vierten Geraden die Kapazität und den Ohmschen Widerstand und verbindet die beiden Punkte durch ein Lineal. Der Schnittpunkt mit der dritten Geraden ist zu merken. Diesen Punkt verbindet man nun mit dem Punkte auf der ersten Geraden, der den Selbstinduktionskoeffizienten angibt. Den gesuchten Widerstand kann man dann auf der fünften Geraden ablesen. Man findet 10000 Ohm.

Anhang.

1. Verhältnis der internationalen technischen Einheiten zu den elektromagnetischen und elektrostatischen Einheiten.

Größe	Einheit	Symb.	Verhältnis zur elektro-magn. Einheit	Verhältnis zur elektro-stat. Einheit
Elektrizitätsmenge . . .	Coulomb	Cb	10^{-1}	$3 \cdot 10^{9}$
Stromstärke	Ampere	A	10^{-1}	$3 \cdot 10^{9}$
Widerstand	Ohm	Ω	10^{9}	$9 \cdot 10^{-11}$
Elektromotorische Kraft	Volt	V	10^{8}	1/300
Kapazität	Farad	F	10^{-9}	$9 \cdot 10^{11}$
Elektr. Arbeit	Joule	J	10^{7}	10^{7}
	Kw.-Stunde	Kwst.	$36 \cdot 10^{12}$	$36 \cdot 10^{12}$
Elektr. Effekt	Watt	VA	10^{7}	10^{7}
	Kilowatt	KW	10^{10}	10^{10}
Induktionskoeffizient . .	Henry	H	10^{9}	—

2. Vorsatzbezeichnungen für die Bildung größerer oder kleinerer Einheiten.

Aus den Grundeinheiten werden neue durch Multiplikation mit 1000 (Kilo) oder 1 000 000 (Mega) bzw. durch Division mit 1000 (Milli) oder 1 000 000 (Mikro) gebildet.

Es bedeutet demnach:

1 Kilo	- (Volt,	Amp.,	Ohm,	Henry,	Farad)	10^3	- (Volt,	Amp.	usw.)
1 Mega	- „	„	„	„	„	10^6	- „	„	„
1 Milli	- „	„	„	„	„	10^{-3}	- „	„	„
1 Mikro	- „	„	„	„	„	10^{-6}	- „	„	„

3. Logarithmen.

N.	0	1	2	3	4	5	6	7	8	9	Diff.
10	0000	0043	0086	0128	0170	0212	0253	0294	0334	0374	42
11	0414	0453	0492	0531	0569	0607	0645	0682	0719	0755	38
12	0792	0828	0864	0899	0934	0969	1004	1038	1072	1106	35
13	1139	1173	1206	1239	1271	1303	1335	1367	1399	1430	32
14	1461	1492	1523	1553	1584	1614	1644	1673	1703	1732	30
15	1761	1790	1818	1847	1875	1903	1931	1959	1987	2014	28
16	2041	2068	2095	2122	2148	2175	2201	2227	2253	2279	26
17	2304	2330	2355	2380	2405	2430	2455	2480	2504	2529	25
18	2553	2577	2601	2625	2648	2672	2695	2718	2742	2765	24
19	2788	2810	2833	2856	2878	2900	2923	2945	2967	2989	22
20	3010	3032	3054	3075	3096	3118	3139	3160	3181	3201	21
21	3222	3243	3263	3284	3304	3324	3345	3365	3385	3404	20
22	3424	3444	3464	3483	3502	3522	3541	3560	3579	3598	19
23	3617	3636	3655	3674	3692	3711	3729	3747	3766	3784	19
24	3802	3820	3838	3856	3874	3892	3909	3927	3945	3962	18
25	3979	3997	4014	4031	4048	4065	4082	4099	4116	4133	17
26	4150	4166	4183	4200	4216	4232	4249	4265	4281	4298	16
27	4314	4330	4346	4362	4378	4393	4409	4425	4440	4456	16
28	4472	4487	4502	4518	4533	4548	4564	4579	4594	4609	15
29	4624	4639	4654	4669	4683	4698	4713	4728	4742	4757	15
30	4771	4786	4800	4814	4829	4843	4857	4871	4886	4900	14
31	4914	4928	4942	4955	4969	4983	4997	5011	5024	5038	14
32	5051	5065	5079	5092	5105	5119	5132	5145	5159	5172	13
33	5185	5198	5211	5224	5237	5250	5263	5276	5289	5302	13
34	5315	5328	5340	5353	5366	5378	5391	5403	5416	5428	13
35	5441	5453	5465	5478	5490	5502	5514	5527	5539	5551	12
36	5563	5575	5587	5599	5611	5623	5635	5647	5658	5670	12
37	5682	5694	5705	5717	5729	5740	5752	5763	5775	5786	12
38	5798	5809	5821	5832	5843	5855	5866	5877	5888	5899	11
39	5911	5922	5933	5944	5955	5966	5977	5988	5999	6010	11
40	6021	6031	6042	6053	6064	6075	6085	6096	6107	6117	11
N.	0	1	2	3	4	5	6	7	8	9	Diff.

Logarithmen. Fortsetzung.

N.	0	1	2	3	4	5	6	7	8	9	Diff.
40	6021	6031	6042	6053	6064	6075	6085	6096	6107	6117	11
41	6128	6138	6149	6160	6170	6180	6191	6201	6212	6222	10
42	6232	6243	6253	6263	6274	6284	6294	6304	6314	6325	10
43	6335	6345	6355	6365	6375	6385	6395	6405	6415	6425	10
44	6435	6444	6454	6464	6474	6484	6493	6503	6513	6522	10
45	6532	6542	6551	6561	6571	6580	6590	6599	6609	6618	10
46	6628	6637	6646	6656	6665	6675	6684	6693	6702	6712	9
47	6721	6730	6739	6749	6758	6767	6776	6785	6794	6803	9
48	6812	6821	6830	6839	6848	6857	6866	6875	6884	6893	9
49	6902	6911	6920	6928	6937	6946	6955	6964	6972	6981	9
50	6990	6998	7007	7016	7024	7033	7042	7050	7059	7067	9
51	7076	7084	7093	7101	7110	7118	7126	7135	7143	7152	8
52	7160	7168	7177	7185	7193	7202	7210	7218	7226	7235	8
53	7243	7251	7259	7267	7275	7284	7292	7300	7308	7316	8
54	7324	7332	7340	7348	7356	7364	7372	7380	7388	7396	8
55	7404	7412	7419	7427	7435	7443	7451	7459	7466	7474	8
56	7482	7490	7497	7505	7513	7520	7528	7536	7543	7551	8
57	7559	7566	7574	7582	7589	7597	7604	7612	7619	7627	8
68	7634	7642	7649	7657	7664	7672	7679	7686	7694	7701	7
59	7709	7716	7723	7731	7738	7745	7752	7760	7767	7774	7
60	7782	7799	7796	7803	7810	7818	7825	7832	7839	7846	7
61	7853	7860	7868	7875	7882	7889	7896	7903	7910	7917	7
62	7924	7931	7938	7945	7952	7959	7966	7973	7980	7987	7
63	7993	8000	8007	8014	8021	8028	8035	8041	8048	8055	7
64	8062	8069	8075	8082	8089	8096	8102	8109	8116	8122	7
65	8129	8136	8142	8149	8156	8162	8169	8176	8182	8189	7
66	8195	8202	8209	8215	8222	8228	8235	8241	8248	8254	7
67	8261	8267	8274	8280	8287	8293	8299	8306	8312	8319	6
68	8325	8331	8338	8344	8351	8357	8363	8370	8376	8382	6
69	8388	8395	8401	8407	8414	8420	8426	8432	8439	8445	6
70	8451	8457	8463	8470	8476	8482	8488	8494	8500	8506	6
71	8513	8519	8525	8531	8537	8543	8549	8555	8561	8567	6
72	8573	8579	8585	8591	8597	8603	8609	8615	8621	8627	6
73	8633	8639	8645	8651	8657	8663	8669	8675	8681	8686	6
74	8592	8698	8704	8710	8716	8722	8727	8733	8739	8745	6
75	8751	8756	8762	8768	8774	8779	8785	8791	8797	8802	6
76	8808	8814	8820	8825	8831	8837	8842	8848	8854	8859	6
77	8865	8871	8876	8882	8887	8893	8899	8904	8910	8915	6
78	8921	8927	8932	8938	8943	8949	8954	8960	8965	8971	6
79	8976	8982	8987	8993	8998	9004	9009	9015	9020	9025	5
80	9031	9036	9042	9047	9053	9058	9063	9069	9074	9079	5
N.	0	1	2	3	4	5	6	7	8	9	Diff.

Logarithmen. Fortsetzung.

N.	0	1	2	3	4	5	6	7	8	9	Diff.
80	9031	9036	9042	9047	9053	9058	9063	9069	9074	9079	5
81	9085	9090	9096	9101	9106	9112	9117	9122	9128	9133	5
82	9138	9143	9149	9154	9159	9165	9170	9175	9180	9186	5
83	9191	9196	9201	9206	9212	9217	9222	9227	9232	9238	5
84	9243	9248	9253	9258	9263	9269	9274	9279	9284	9289	5
85	9294	9299	9304	9309	9315	9320	9325	9330	9335	9340	5
86	9345	9350	9355	9360	9365	9370	9375	9380	9385	9390	5
87	9395	9400	9405	9410	9415	9420	9425	9430	9435	9440	5
88	9445	9450	9455	9460	9465	9469	9474	9479	9484	9489	5
89	9494	9499	9504	9509	9513	9518	9523	9528	9533	9538	5
90	9542	9547	9552	9557	9562	9566	9571	9576	9581	9586	5
91	9590	9595	9600	9605	9609	9614	9619	9624	9628	9633	5
92	9638	9643	9647	9652	9657	9661	9666	9671	9675	9680	5
93	9685	9689	9694	9699	9703	9708	9713	9717	9722	9727	5
94	9731	9736	9741	9745	9750	9754	9759	9763	9768	9773	5
95	9777	9782	9786	9791	9795	9800	9805	9809	9814	9818	5
96	9823	9827	9832	9836	9841	9845	9850	9854	9859	9863	5
97	9868	9872	9877	9881	9886	9890	9894	9899	9903	9908	4
98	9912	9917	9921	9926	9930	9934	9939	9943	9948	9952	4
99	9956	9961	9965	9969	9974	9978	9983	9987	9991	9996	4
100	0 0000	0043	0087	0130	0173	0217	0260	0303	0346	0389	43
101	0 0432	0475	0518	0561	0604	0647	0689	0732	0775	0817	43
102	0 0860	0903	0945	0988	1030	1072	1115	1157	1199	1242	42
103	0 1284	1326	1368	1410	1452	1494	1536	1578	1620	1662	42
104	0 1703	1745	1787	1828	1870	1912	1953	1995	2036	2078	42
105	0 2119	2160	2202	2243	2284	2325	2366	2407	2449	2490	41
106	0 2531	2572	2612	2653	2694	2735	2776	2816	2857	2898	41
107	0 2938	2979	3019	3060	3100	3141	3181	3222	3262	3302	40
108	0 3342	3383	3423	3463	3503	3543	3583	3623	3663	3703	40
109	0 3743	3782	3822	3862	3902	3941	3981	4021	4060	4100	40
110	0 4139	4179	4218	4258	4297	4336	4376	4415	4454	4493	39
N.	0	1	2	3	4	5	6	7	8	9	Diff.

4. Trigonometrische Funktionen.

a) Sinus.

Grad	0′	30′	Grad	0′	30′	Grad	0′	30′
0	0,0000	0,0087	30	0,5000	0,5075	60	0,8660	0,8704
1	0175	0262	31	5150	5225	61	8746	8788
2	0349	0436	32	5299	5373	62	8829	8870
3	0523	0610	33	5446	5519	63	8910	8949
4	0698	0785	34	5592	5664	64	8988	9026
5	0872	0959	35	5736	5807	65	9063	9100
6	1045	1132	36	5878	5948	66	9135	9171
7	1219	1305	37	6018	6088	67	9205	9239
8	1392	1478	38	6157	6225	68	9272	9304
9	1564	1651	39	6293	6361	69	9336	9367
10	1736	1822	40	6428	6494	70	9397	9426
11	1908	1994	41	6561	6626	71	9455	9483
12	2079	2164	42	6691	6756	72	9511	9537
13	2250	2334	43	6820	6884	73	9563	9588
14	2419	2504	44	6947	7009	74	9613	9636
15	2588	2672	45	7071	7133	75	9659	9681
16	2756	2840	46	7193	7254	76	9703	9724
17	2924	3007	47	7314	7373	77	9744	9763
18	3090	3173	48	7431	7490	78	9781	9799
19	3256	3338	49	7547	7604	79	9816	9833
20	3420	3502	50	7660	7716	80	9848	9863
21	3584	3665	51	7771	7826	81	9877	9890
22	3746	3827	52	7880	7934	82	9903	9914
23	3907	3987	53	7986	8039	83	9925	9936
24	4067	4147	54	8090	8141	84	9945	9954
25	4226	4305	55	8192	8241	85	9962	9969
26	4384	4462	56	8290	8339	86	9976	9981
27	4540	4617	57	8387	8434	87	9986	9990
28	4695	4772	58	8480	8526	88	9994	9997
29	4848	4924	59	8572	8616	89	99985	99996
30	5000	5075	60	8660	8704	90	1,0000	—

b) Tangens.

Grad	0′	30′	Grad	0′	30′	Grad	0′	30′
0	0,0000	0,0087	30	0,5774	0,5890	60	1,732	1,767
1	0,0175	0,0262	31	0,6009	0,6128	61	1,804	1,842
2	0,0349	0,0437	32	0,6249	0,6371	62	1,881	1,921
3	0,0524	0,0612	33	0,6494	0,6619	63	1,963	2,006
4	0,0699	0,0787	34	0,6745	0,6873	64	2,050	2,097
5	0,0875	0,0963	35	0,7002	0,7133	65	2,145	2,194
6	0,1051	0,1139	36	0,7265	0,7400	66	2,246	2,300
7	0,1228	0,1317	37	0,7536	0,7673	67	2,356	2,414
8	0,1405	0,1495	38	0,7813	0,7954	68	2,475	2,539
9	0,1584	0,1673	39	0,8098	0,8243	69	2,605	2,675
10	0,1763	0,1853	40	0,8391	0,8541	70	2,747	2,824
11	0,1944	0,2035	41	0,8693	0,8847	71	2,904	2,989
12	0,2126	0,2217	42	0,9004	0,9163	72	3,078	3,172
13	0,2309	0,2401	43	0,9325	0,9490	73	3,271	3,376
14	0,2493	0,2586	44	0,9657	0,9827	74	3,487	3,606
15	0,2679	0,2773	45	1,0000	1,0176	75	3,732	3,867
16	0,2867	0,2962	46	1,0355	1,0538	76	4,011	4,165
17	0,3057	0,3153	47	1,0724	1,0913	77	4,331	4,511
18	0,3249	0,3346	48	1,1106	1,1303	78	4,705	4,915
19	0,3443	0,3541	49	1,1504	1,1708	79	5,145	5,396
20	0,3640	0,3739	50	1,1918	1,2131	80	5,671	5,976
21	0,3839	0,3939	51	1,2349	1,2572	81	6,314	6,691
22	0,4040	0,4142	52	1,2799	1,3032	82	7,115	7,596
23	0,4245	0,4348	53	1,3270	1,3514	83	8,144	8,777
24	0,4552	0,4557	54	1,3764	1,4019	84	9,514	10,384
25	0,4663	0,4770	55	1,4281	1,4550	85	11,430	12,706
26	0,4877	0,4986	56	1,4826	1,5108	86	14,301	16,350
27	0,5095	0,5206	57	1,5399	1,5697	87	19,081	22,904
28	0,5317	0,5430	58	1,6003	1,6319	88	28,636	38,188
29	0,5543	0,5658	59	1,6643	1,6977	89	57,290	114,589
30	0,5774	0,5890	60	1,7321	1,7675	90	∞	—

5. Quadrate, Quadratwurzeln, Kubikwurzeln, Rezipr. Werte, Umfang und Flächeninhalt eines Kreises, Verwandlung von Winkelgr. in Bogenmaß.

n	n^2	$\sqrt{n}$	$\sqrt[3]{n}$	$1000/n$	$\pi \cdot n$	$\frac{1}{4}\pi n^2$	$\frac{n}{180}\cdot\pi$
1	1	1,0000	1,0000	1000,0	3,1416	0,7854	0,0175
2	4	1,4142	1,2599	500,0	6,2832	3,1416	0,0349
3	9	1,7321	1,4422	333,3	9,4248	7,0686	0,0524
4	16	2,0000	1,5874	250,00	12,566	12,566	0,0698
5	25	2,2361	1,7100	200,00	15,708	19,635	0,0873
6	36	2,4495	1,8171	166,67	18,850	28,274	0,1047
7	49	2,6458	1,9129	142,86	21,991	38,485	0,1222
8	64	2,8284	2,0000	125,00	25,133	50,266	0,1396
9	81	3,0000	2,0801	111,11	28,274	63,617	0,1571
10	100	3,1623	2,1544	100,00	31,416	78,540	0,1745
11	121	3,3166	2,2240	90,909	34,558	95,033	0,1920
12	144	3,4641	2,2894	83,333	37,699	113,10	0,2094
13	169	3,6056	2,3513	76,923	40,841	132,73	0,2269
14	196	3,7417	2,4101	71,429	43,982	153,94	0,2443
15	225	3,8730	2,4662	66,667	47,124	176,71	0,2618
16	256	4,0000	2,5198	62,500	50,265	201,06	0,2793
17	289	4,1231	2,5713	58,824	53,407	226,98	0,2957
18	324	4,2426	2,6207	55,556	56,549	254,47	0,3142
19	361	4,3589	2,6684	52,632	59,690	283,53	0,3316
20	400	4,4721	2,7144	50,000	62,832	314,16	0,3491
21	441	4,5826	2,7589	47,619	66,973	346,36	0,3665
22	484	4,6904	2,8020	45,455	69,115	380,13	0,3840
23	529	4,7958	2,8439	43,478	72,257	415,48	0,4014
24	576	4,8990	2,8845	41,667	75,398	452,39	0,4189
25	625	5,0000	2,9240	40,000	78,540	490,87	0,4363
26	676	5,0990	2,9625	38,462	81,681	530,93	0,4538
27	729	5,1962	3,0000	37,037	84,823	572,56	0,4712
28	784	5,2915	3,0366	35,714	87,965	615,75	0,4887
29	841	5,3852	3,0723	34,483	91,106	660,52	0,5061
30	900	5,4772	3,1072	33,333	94,248	706,86	0,5236
31	961	5,5678	3,1414	32,258	97,389	754,77	0,5411
32	1024	5,6569	3,1748	31,250	100,53	804,25	0,5585
33	1089	5,7446	3,2075	30,303	103,67	855,30	0,5760
34	1156	5,8310	3,2396	29,412	106,81	907,92	0,5934
35	1225	5,9161	3,2711	28,571	109,96	962,11	0,6109
36	1296	6,0000	3,3019	27,778	113,10	1017,88	0,6283
37	1369	6,0828	3,3322	27,027	116,24	1075,21	0,6458
38	1444	6,1644	3,3620	26,316	119,38	1134,11	0,6632
39	1521	6,2450	3,3912	25,641	122,52	1194,59	0,6807
40	1600	6,3246	3,4200	25,000	125,66	1256,64	0,6981

Quadrate, Quadratwurzeln usw. Fortsetzung.

n	n^2	$\sqrt{n}$	$\sqrt[3]{n}$	$1000/n$	$\pi \cdot n$	$\frac{1}{4}\pi n^2$	$\frac{n}{180} \cdot \pi$
41	1681	6,4031	3,4482	24,390	128,81	1320,25	0,7156
42	1764	6,4807	3,4760	23,810	131,95	1385,44	0,7330
43	1849	6,5574	3,5034	23,256	135,09	1452,20	0,7505
44	1936	6,6332	3,5303	22,727	138,23	1520,53	0,7679
45	2025	6,7082	3,5569	22,222	141,37	1590,43	0,7854
46	2116	6,7823	3,5830	21,739	144,51	1661,90	0,8029
47	2209	6,8557	3,6088	21,277	147,65	1734,94	0,8203
48	2304	6,9282	3,6342	20,833	150,80	1809,56	0,8378
49	2401	7,0000	3,6593	20,408	153,49	1885,74	0,8552
50	2500	7,0711	3,6840	20,000	157,08	1963,50	0,8727
51	2601	7,1414	3,7084	19,608	160,22	2042,82	0,890
52	2705	7,2111	3,7325	19,231	163,36	2123,72	0,908
53	2809	7,2801	3,7563	18,868	166,50	2206,18	0,925
54	2916	7,3485	3,7798	18,519	169,15	2290,22	0,942
55	3025	7,4162	3,8030	18,182	172,78	2375,83	0,960
56	3136	7,4833	3,8259	17,857	175,93	2463,01	0,977
57	3249	7,5498	3,8485	17,544	179,07	2551,76	0,905
58	3364	7,6158	3,8709	17,241	182,21	2642,08	1,012
59	3481	7,6811	3,8930	16,949	185,35	2733,97	1,030
60	3600	7,7460	3,9149	16,667	188,49	2827,43	1,047
61	3721	7,8102	3,9365	16,393	191,63	2922,47	1,065
62	3844	7,8740	3,9579	16,129	194,78	3019,07	1,082
63	3969	8,9373	3,9791	15,873	197,92	3117,25	1,100
64	4096	8,0000	4,0000	15,625	201,06	3216,99	1,117
65	4225	8,0623	4,0207	15,385	204,20	3318,21	1,134
66	4356	8,1204	4,0412	15,152	207,35	3421,19	1,152
67	4489	8,1854	4,0615	14,925	210,49	3525,65	1,169
68	4624	8,2462	4,0817	14,706	213,63	3631,68	1,187
69	4761	8,3066	4,1016	14,493	216,77	3739,28	1,204
70	4900	8,3666	4,1213	14,285	219,91	3848,45	1,222
71	5041	8,4261	4,1408	14,085	223,05	3959,19	1,239
72	5184	8,4853	4,1602	13,889	226,19	4071,50	1,257
73	5329	8,5440	4,1793	13,669	229,34	4185,39	1,274
74	5476	8,6023	4,1983	13,514	232,48	4300,84	1,292
75	5625	8,6603	4,2172	13,333	235,62	4417,86	1,309
76	5776	8,7178	4,2358	13,158	238,76	4536,46	1,326
77	5929	8,7750	4,2543	12,987	241,90	4656,63	1,344
78	6084	8,8318	4,2727	12,821	245,04	4778,36	1,361
79	6241	8,8882	4,2908	12,658	248,19	4901,67	1,379
80	6400	8,9443	4,3089	12,500	251,33	5026,55	1,396

Quadrate, Quadratwurzeln usw. Fortsetzung.

n	n^2	$\sqrt{n}$	$\sqrt[3]{n}$	$1000/n$	$\pi \cdot n$	$\frac{1}{4}\pi n^2$	$\frac{n}{188} \cdot \pi$
81	6561	9,0000	4,3267	12,346	254,47	5153,00	1,414
82	6724	9,0554	4,3445	12,195	257,61	5281,02	1,431
83	6889	9,1104	4,3621	12,048	260,75	5410,61	1,449
84	7056	9,1652	4,3795	11,905	263,89	5541,77	1,466
85	7225	9,2195	4,3968	11,765	267,04	5674,50	1,484
86	7396	9,2736	4,4140	11,628	270,18	5808,80	1,501
87	7569	9,3274	4,4310	11,494	273,32	5944,68	1,518
88	7744	9,3808	4,4480	11,364	276,46	6082,12	1,536
89	7921	9,4340	4,4648	11,236	279,60	6221,14	1,553
90	8100	9,4868	4,4814	11,111	282,74	6361,73	1,571
91	8281	9,5394	4,4979	10,989	285,88	6503,88	1,588
92	8464	9,5917	4,5144	10,870	289,03	6647,61	1,606
93	8649	9,6437	4,5307	10,753	292,17	6792,91	1,623
94	8836	9,6954	4,5468	10,638	295,31	6939,78	1,641
95	9025	9,7468	4,5629	10,526	298,45	7088,22	1,658
96	9216	9,7980	4,5789	10,417	301,59	7238,23	1,676
97	9409	9,8489	4,5947	10,309	304,73	7389,81	1,693
98	9604	9,8995	4,6104	10,204	307,88	7542,96	1,710
99	9801	9,9499	4,6261	10,101	311,02	7697,69	1,728
100	10000	10,0000	4,6416	1,000	314,16	7853,98	1,745

Namen- und Sachverzeichnis.

Druck von Oscar Brandstetter in Leipzig.

GPSR Compliance

The European Union's (EU) General Product Safety Regulation (GPSR) is a set of rules that requires consumer products to be safe and our obligations to ensure this.

If you have any concerns about our products, you can contact us on ProductSafety@springernature.com

In case Publisher is established outside the EU, the EU authorized representative is:

Springer Nature Customer Service Center GmbH
Europaplatz 3
69115 Heidelberg, Germany

Batch number: 10682439

Printed by Printforce, the Netherlands